# 低卡优食记

车金佳 / 主编

陕西新华出版传媒集团
陕西旅游出版社

图书在版编目（CIP）数据

低卡优食记 / 车金佳主编. — 西安 : 陕西旅游出版社, 2017.12
ISBN 978-7-5418-3548-3

Ⅰ. ①低… Ⅱ. ①车… Ⅲ. ①减肥—菜谱 Ⅳ. ①TS972.161

中国版本图书馆CIP数据核字(2017)第244353号

低卡优食记　　车金佳 主编

责任编辑：贺 姗
摄影摄像：深圳市金版文化发展股份有限公司
封面设计：深圳市金版文化发展股份有限公司
出版发行：陕西旅游出版社（西安市唐兴路6号　邮编：710075）
电　　话：029-85252285
经　　销：全国新华书店
印　　刷：深圳市雅佳图印刷有限公司
开　　本：787mm×1016mm　1/16
印　　张：15
字　　数：200千字
版　　次：2017年12月　第1版
印　　次：2018年1月　第1次印刷
书　　号：ISBN 978-7-5418-3548-3
定　　价：49.80元

## 低卡的饮食 轻盈的生活

营养学专业毕业后，我一直在深圳从事营养师的工作。初来深圳时，有种跟不上节奏的感觉，像一个提线木偶被生活牵着不断地向前走，吃饭也是将就着，早晨路边买一份包子豆浆，中午公司周围点一个外卖，基本上是一个菜一个白饭的那种，晚上回家路上一个人吃碗漂着两根青菜的面。就这样大概维持了三个月，长了满脸的痘痘，虽然体重没怎么增加，但身体有点儿虚肿。说起来还是蛮讽刺的，一个天天宣导健康饮食的营养师，明明知道这样不好，却偏偏过成了反面教材。于是，我决定改变，开始进入厨房，制作一些健康低卡的饮食。当我开始认真地选择食材，开始合理有序地烹饪，开始规划利用时间后，慢慢地我发现了一个生活的哲理：饮食态度决定了生活方式！

之后，我不断地晒健康餐，间歇地进行一阵低卡饮食来为身体排排毒，为生活减减负。因为低卡饮食，让我有机会品尝食材本身的自然味道，让味蕾更加敏感，也给心灵留下了回味和想象的空间。因为低卡的饮食，让我的生活更加有序，不再是被生活绑架，而是能合理地规划生活，甚至可以有力地向身边人表达着自己轻盈的生活方式。

低卡、优食，用不将就的态度，在喧嚣的大城市活出了自己的理想生活状态。低卡、优食，提倡的是“清新、均衡、适度、优质、自然、健康、零负担”的饮食方式和生活态度，食材选择上追求自然优质，烹调方法上选择适度清新，营养搭配上坚持均衡健康，三者结合，这样做出来的餐食进入身体是零负担的。

本书记录了我 28 天的低卡优食餐，你如果和我以前一样靠路边小店和外卖小哥喂饱自己的话，不如尝试着选择低卡的饮食和轻盈的生活方式，让我们都懂得为自己减负，但正常的社交生活从不减半；让我们每天精力充沛，更加享受快乐洒脱，让生命变得更加纯粹，极简却又自我丰盈。全性保真，不以物累形！

# CONTENTS
# 目录


专栏1：低卡优食不只是让你瘦 /012

Day 1

早餐：五红紫米粥 + 胡萝卜太阳蛋 + 奶香豌豆燕麦饮 /015

午餐：减脂海鲜面 + 芦笋苹果汁 /017

晚餐：虾仁鸡丁上汤蟹味菇西蓝花 + 蛤蜊牛奶饭 /019

Day 2

早餐：全麦面包三明治 + 牛奶 + 苹果 /021

午餐：彩虹牛肉千张卷 + 玉米沙拉 + 南瓜燕麦浓汤 /023

晚餐：香煎三文鱼佐土豆泥 + 百香果苏打水 /027

Day 3

早餐：黑芝麻核桃红糖饼 + 奶香玉米汁 + 拌金针菇 /029

午餐：茭白鸡丁 + 清炒绿豆芽 + 莲藕花生汤 + 鹰嘴豆糙米饭 /031

晚餐：牡蛎豆腐汤 + 芝麻山药饭 + 芥末秋葵 /035

Day 4

早餐：糯米小南瓜 + 番茄洋葱肉酱 + 蔬菜篮 + 香蕉牛奶奶昔 /037

午餐：西芹炒百合 + 黑椒炒菇 + 酸汤黄骨鱼 + 绿豆薏米饭 /041

晚餐：五彩杂炒拌意面 + 菠菜蛋汤 /045

Day 5
早餐：紫薯紫米粥 + 鸡汤枸杞煮菠菜 + 鸡蛋 + 圣女果 /047
午餐：鲜百合炒鸡胸肉 + 清炒秋葵 + 鹰嘴豆糙米饭 /049
晚餐：番茄牛肉汤 + 鸡汤煮小白菜 + 杂粮篮 /053

Day 6
早餐：红薯松饼 + 牛奶 /055
午餐：田园小清新 + 当归乌鸡汤 + 黑米板栗饭 /057
晚餐：蔬菜三文鱼粥 + 番茄猕猴桃沙拉 /061

Day 7
早餐：五彩疙瘩汤 + 酸奶沙拉 /063
午餐：清蒸鳕鱼 + 清炒油麦菜 + 牛蒡丝瓜汤 + 糙米燕麦饭 /065
晚餐：韭菜鸭血 + 肉末菠菜 + 黑米红枣饭 /069

专栏 2：关于低卡饮食的迷思&解密 /074

Day 8
早餐：荠菜鲜肉大馄饨 + 牛油果鸡蛋沙拉 + 牛奶 /077
午餐：三文鱼金针菇卷 + 小白菜炒黄豆芽 + 菠菜银耳汤 + 鹰嘴豆糙米饭 /079
晚餐：西蓝花拌乌冬面 /083

Day 9
早餐：鸡蛋煎饺 + 紫菜虾皮汤 + 橙子 /085
午餐：芝麻带鱼 + 胡萝卜炒木耳 + 马蹄花菜汤 + 绿豆薏米饭 /087
晚餐：骨汤拉面 /091

Day 10
早餐：太阳花饺子 + 麻酱油麦菜 + 菠菜豆腐汤 /093
午餐：豆渣丸子 + 香菇炖竹荪 + 玉米须芦笋鸭汤 + 燕麦饭 /095
晚餐：菠萝炒饭 /099

Day 11
早餐：香蕉肉桂吐司 + 烤鸡蛋 + 酸奶 /101
午餐：什锦咖喱 + 雪梨马蹄汁 + 燕麦饭 /103
晚餐：烤小米酿西葫芦 /105

Day 12
早餐：酱淋秋葵 + 汤圆紫薯仔 + 芒果奶昔 /107
午餐：虾仁炖蛋 + 蒜蓉芥菜 + 金针菇冬瓜汤 ++ 燕麦饭 /109
晚餐：柠香炒饭 /113

Day 13
早餐：韭菜盒子 + 虾仁生菜粥 + 葱油金针菇 + 西瓜 /115
午餐：肉末炖豆腐 + 娃娃菜炒口蘑 + 韭菜苦瓜汤 + 红米饭 /117
晚餐：牛油果菠菜蝴蝶面 /121

Day 14
早餐：鲜肉小馄饨 + 金枪鱼蔬菜沙拉 + 爱心吐司煎蛋 + 菠萝 /123
午餐：牛肉海带汤饭 + 彩蔬炒豆腐 /125
晚餐：柠檬鸡肉块 /127

专栏 3：选择低卡食物，破解低卡优食的秘密 /132

Day 15
早餐：煎三文鱼 + 百香果枸杞蜂蜜饮 + 面包 + 芒果 /135
午餐：鸡蛋肉卷 + 醋熘白菜片 + 山药冬瓜汤 + 红米饭 /137
晚餐：菠菜香菇培根沙拉 /141

Day 16
早餐：吐司杯 + 黄瓜汁 + 水果坚果 /143
午餐：鸡胸肉西芹沙拉 + 牛油果酸奶 /145
晚餐：鲜虾莲藕沙拉 /147

Day 17
早餐：炼乳山药抹吐司 + 黑椒煎蛋 + 圣女果郁金香 + 酸奶 /149
午餐：香菇酿肉 + 素炒冬瓜 + 薏米白菜汤 + 鹰嘴豆糙米饭 /151
晚餐：虾仁菠菜沙拉 /155

Day 18
早餐：鸡肉三明治 + 火龙果牛奶 /157
午餐：鲜虾混合果蔬沙拉 + 芹菜梨汁 /159
晚餐：三丝汤面 /161

Day 19
早餐：荞麦蔬菜牛肉卷 + 原味豆浆 + 猕猴桃 /163
午餐：清蒸莲藕饼 + 双色薯饭 + 黄瓜苹果汁 /165
晚餐：紫甘蓝鲈鱼沙拉 /167

Day 20
早餐：蔬菜鸡肉沙拉 + 蔓越莓燕麦酸奶 /169
午餐：金针菇番茄豆腐汤 + 牛肉炒饭 /171
晚餐：柠香蔬菜纸包鱼 /173

Day 21
早餐：牛油果鸡蛋法棍 + 清煮花菜 + 牛油果奶昔 /175
午餐：西蓝花炒牛肉 + 三丝银耳 + 紫菜鱼丸汤 + 糙米燕麦饭 /177
晚餐：普罗旺斯烤蔬菜意面 /181

专栏 4：切忌盲目减肥，认清减肥是否必须 /186

Day 22
早餐：胡萝卜黄瓜炒肉片 + 黑芝麻糊 + 樱桃 + 全麦馒头 /189
午餐：枸杞炖蛋 + 松子仁玉米 + 冬瓜香菇鸡汤 + 燕麦饭 /191
晚餐：海蜇豆芽拌韭菜 /195

Day 23
早餐：莴笋胡萝卜鸡丁 + 豆渣蛋饼 + 红枣豆浆 + 芒果 /197
午餐：凉拌嫩豆角 + 蒸三文鱼 + 香蕉柳橙汁 + 绿豆薏米饭 /199
晚餐：泰式牛肉沙拉 /201

Day 24
早餐：虾仁滑蛋 + 松子拌菠菜 + 紫薯米糊 + 玉米小窝头 /203
午餐：缤纷藜麦饭 + 紫美人奶昔 /205
晚餐：绿豆薏米饭 /207

Day 25
早餐：馒头汉堡＋椒盐杏鲍菇＋黑米山药糊＋桑葚 /209
午餐：海带肉卷＋清炒三丁＋白菜老鸭汤＋糙米燕麦饭 /211
晚餐：南瓜鸡蛋面 /215

Day 26
早餐：紫薯奶酪球＋芦笋蛋卷＋拌三色 /217
午餐：迷迭香鸡肉卷＋罗宋汤 /219
晚餐：嫩豆腐沙拉 /221

Day 27
早餐：芦笋鸡蛋咸蛋糕＋活力蔬果汁 /223
午餐：彩椒炒鸭肉＋黄花菜拌海带丝＋苦瓜鱼片汤＋绿豆薏米饭 /225
晚餐：糙米牛蒡饭 /229

Day 28
早餐：牛肉酸汤米粉＋火龙果酸奶 /231
午餐：椰奶蒸鸡蛋＋莴笋炒什锦＋丝瓜蛤蜊豆腐汤＋红米饭 /233
晚餐：青柠佐鲜虾凉拌蔬菜 /237

# 附录：正餐之外可以吃的零食

双皮奶 /070
烤馍片 /071
红豆桂花水晶糕 /128
日式烤饭团 /129
少糖菠萝蛋糕 /182
红葡萄酒水果沙拉 /183
烤红薯 /238
果丹皮 /239

Coffee
TCL

# PART 1
# 第一周低卡餐

第一周低卡餐为三餐完整版，早中晚三餐的热量控制在 1150 ~ 1450 千卡中间，中间再增加 100 ~ 200 千卡的加餐，那么一天摄入的热量比中国健康的成年轻体力劳动男女低了 300 ~ 500 千卡，这样的能量既满足了最基本的一些营养素，又形成了较安全且易于长期执行的热量差，适用于自主进行的减肥或短时间内的身体清洁等。

低卡饮食第一周即将开启，跟着我一起优享生活吧！

# 专栏 1：低卡优食不只是让你瘦

“低卡优食”——乍一听这四个字，相信很多人都联想到减肥。的确，低卡的饮食与往日的高卡路里形成了一个能量差，必然有助于减肥，但不单单只能用来减肥。

“低卡优食”，首先总体原则是落实在“优食”二字上，最终的目的还是在于健康。那么，食物的选择尤其重要，食物的种类及搭配比例基本按照中国居民膳食宝塔的推荐量，在此基础上尽量符合低脂肪、低热量、少糖、少盐且富含高纤维和营养多样化的食物。采用蒸、炖、煮、烫、清炒、凉拌等健康的烹饪方式，不再把进食当作纯粹的口齿享乐。

在以上大原则下，尽量做到低卡，但并不是越低越好，维持在每餐 350 ~ 600 千卡之间，每天总热量在 1200 ~ 1500 千卡之间。下面，我们就聊聊，低卡优食在平时生活中的应用。

## 低卡饮食帮助减脂瘦身

有人会说低卡不就是节食吗？对，是一种有节制的饮食，但绝不是断食或超低热量的节食。很多人减肥都会选择吃少点，那么吃少点真的能减得快一点吗？答案让你失望了，并不是！低卡饮食用来减肥最好不要低于 1000 卡路里，最新节食减肥研究显示，减重时一天只吃总热量是 500 千卡的一餐和一天吃三餐加起来总数是 1000 千卡的人，减重的程度和速度完全一样，少吃并没有使人的减重速度更快。

其实减肥的成功秘笈无非两点：一是保证营养，防止饥饿；二是形成 300 ~ 800 千卡的能量差，也就是消耗热量大于摄入热量。我倡导的低卡优食正是符合这两方面，在保证基本营养的基础上，维持热量在 1200 ~ 1500 千卡之间，而这个热量与成年女性轻体力劳动者 1800 千卡的推荐摄入能量，形成了 300 ~ 600 千卡的能量差。

低卡饮食帮助减脂瘦身的同时，减轻了胰岛素抵抗，增加了胰岛素的敏感性，并使血管变得顺畅，血压变得正常，从而改善糖尿病、高血压、高血脂等慢性代谢性疾病。

## 低卡优食能延缓衰老

适度的低卡饮食，可以有效促进大脑、心脏、肝脏等多种组织器官的代谢，组织器官代谢正常的情况下，身体内的垃圾毒素、坏死细胞也得到了清理，肠道通畅了，皮肤则变好了；血管通畅了，血压下降了，高血压和高血脂不见了；同时减轻胰岛素抵抗，增加敏感性，糖尿病也得到改善。

大量实验已经表明，适度热量控制是除了遗传操作外最强有力的延缓衰老的方法，在鱼类、龋齿类动物身上均有相关实验数据的体现。其实大家身边也有这样的例子，采访一下长寿老人会发现，他们长寿的秘笈之一便是吃饭七分饱。

## 低卡优食有助于情绪调节

我们经常有这样的情况出现：心情不好就想吃甜食，这是因为甜味可促进大脑分泌内啡肽带来愉悦感，同时甜食可以快速补充糖分，让大脑快速吸收能量应对心烦意乱的状态。

但是长期摄入高热量的饮食，会增加身体的负担，扰乱神经系统的正常调节和胰岛素的正常分泌，反而脾气会越来越糟，越来越不稳定。坚持低卡饮食就是让身体减负，同时也给心灵减负，重获自由。

## 低卡优食让生活更加乐活欢实

在轻卡饮食的过程中，学会了挑选优质低卡食物，在这过程中领悟到了人与食物之间的关系：人与食物应该和平相处，并非谁一定牵制谁。另外在此过程中，学会了每天合理地搭配制作料理，这需要一定的逻辑思维和时间把控，便会慢慢发现你对生活也可以有力地控制，不再被生活紧逼，被工作束缚。在食用低卡料理时，你知道了健康的好处，回归到自然饮食，懂得了感恩天然食材的馈赠，懂得了节制垃圾食物。经过一段时间，身体变得轻盈舒畅了，生活也同样变得井然有序、乐活欢实。

# Day 1
# 早餐

第一天的低卡早餐总是令人无比兴奋，告别豆浆油条、包子白粥、面包牛奶的早餐吧，做一碗补血的杂粮粥、一份有着灿烂笑脸的太阳蛋、一杯奶香四溢的饮品，你会发现早晨不再有起床气，而是满满的朝气。

## 五红紫米粥

热量 220 千卡

### 原料

紫米 30 克
红豆 20 克
红衣花生 6 粒
红枣 2 颗
枸杞 6 颗

### 做法

1. 将紫米、红豆、红衣花生洗净，放入清水中浸泡；红枣和枸杞洗净后备用。
2. 将泡发好的紫米、红豆、红衣花生与洗净的红枣、枸杞一同放入电饭煲中，煮粥。
3. 出锅后盛入碗中即可。

## 胡萝卜太阳蛋

热量 120 千卡

### 原料

胡萝卜 50 克
鸡蛋 1 个

### 调料

盐 1 克
橄榄油 3 毫升

### 做法

1. 胡萝卜洗净擦丝，加入盐拌匀。
2. 将不粘锅烧热，倒入少许橄榄油，将拌好的胡萝卜丝放入锅中炒 1 分钟。
3. 然后用铲子码成中间低、两边略高的圆饼状，将鸡蛋打进去。
4. 转小火慢慢煎至鸡蛋清凝固、鸡蛋黄半凝固状态即可。

## 奶香豌豆燕麦饮

热量 164 千卡

豌豆 20 克，燕麦 10 克，牛奶 200 毫升

# Day 1
# 午餐

扫一扫，看视频

一碗低脂海鲜面，捧在手里暖人心，吃到胃里却减脂瘦身，一碗面未添加一滴油、一粒盐，用番茄打底色，用鸭蛋调味道，用虾仁、蛤蜊提鲜度。你肚子饿不饿，煮碗热腾腾的海鲜面给你吃?

## 减脂海鲜面

热量 315 千卡

### 原料

面条 80 克
虾 60 克
蛤蜊 4 个
海带 20 克
莴苣 60 克
胡萝卜 50 克
番茄 40 克
咸鸭蛋 半个
香菜 1 根

### 做法

1. 胡萝卜洗净，切斜片；莴苣洗净，去皮，切斜片。
2. 番茄洗净后切小丁，香菜洗净后切成碎，咸鸭蛋切小丁。
3. 锅烧热，加入番茄丁和咸鸭蛋丁略微翻炒，倒入一碗水烧开。
4. 放入胡萝卜片、莴苣片、海带煮约 2 分钟。
5. 再加入蛤蜊、虾煮至熟。
6. 另起汤锅，放入面条煮至熟；将煮好的面盛入碗中，盛入海鲜杂蔬汤，撒上香菜末即可。

## 芦笋苹果汁

热量 83 千卡

### 原料

猕猴桃 30 克
芦笋 50 克
去皮苹果 50 克
纯净水 适量

### 做法

1. 将猕猴桃去皮；芦笋洗净后用开水焯 1 分钟，捞出。
2. 将猕猴桃、芦笋、苹果加入料理机中。
3. 再加入适量纯净水，榨取果汁即可。

# Day 1
## 晚餐

一菜一饭一寡人，一个人做饭如何快速简便又不失营养是一门学问。这一道晚餐用了上汤的形式，将高蛋白的肉类与高纤维的蔬菜烹煮在一起，简便少油烟，而且有汤有菜，满足矣！

### 虾仁鸡丁上汤蟹味菇西蓝花

热量 197 千卡

**原料**

虾仁 30 克

去皮鸡腿肉 50 克

蟹味菇 30 克

西蓝花 150 克

蒜蓉 少许

**调料**

盐 1 克

茶籽油 5 毫升

料酒 少许

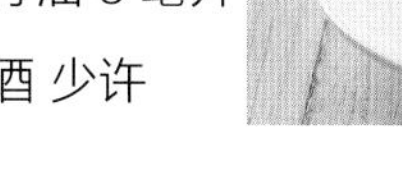

**做法**

1. 将虾仁和鸡腿肉洗净后切丁，加入少许料酒、盐腌制约 10 分钟。
2. 西蓝花洗净后切块，蟹味菇去根洗净。
3. 锅内烧水，加少许盐，放入西蓝花、蟹味菇焯水断生后捞出，沥干水分备用。
4. 炒锅烧热，倒油，加入蒜蓉炒香，加虾仁、鸡丁翻炒。
5. 再加入焯水后的蟹味菇、西蓝花翻炒，加入适量热水，煮开后加盐调味即可。

### 蛤蜊牛奶饭

热量 184 千卡

**原料**

蛤蜊 90 克

牛奶 50 毫升

白米饭 100 克

**调料**

盐 1 克

罗勒叶 少许

**做法**

1. 蛤蜊泡盐水，吐沙后入锅煮至开口，挑出蛤肉备用。
2. 白米饭倒入煮锅，加入鲜奶和盐，以大火煮至快收汁。
3. 将蛤肉加入同煮至收汁，盛起后放上罗勒叶即成。

# Day 2
# 早餐

三明治配杯奶，是一款常规且营养的早餐搭配。三明治中有主食、肉蛋、蔬果，品类丰富，即使用的白切片，这样搭配也能让我们餐后血糖平稳，值得注意的是涂抹在三明治里的酱最好不放或少放。

## 全麦面包三明治

热量
274 千卡

## 牛奶 200 毫升

热量
108 千卡

## 苹果 1 个

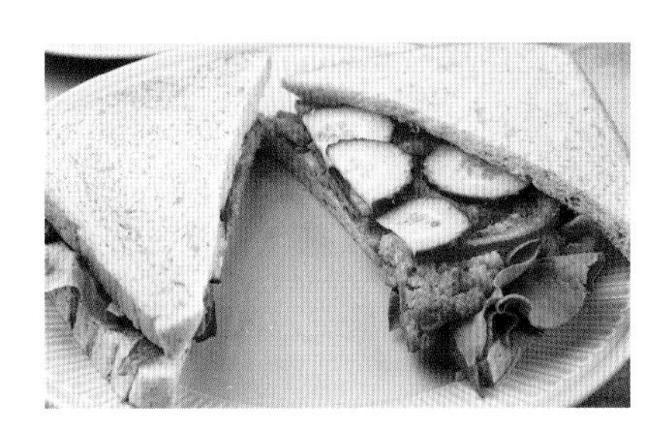

### 原料

全麦面包 50 克
肉末 25 克
黄瓜 30 克
生菜 50 克
番茄 50 克
奶酪 1 片
葱末、姜末各适量

### 调料

料酒 3 毫升
生抽 2 毫升
五香粉 2 克
水淀粉、盐各适量
食用油 3 毫升

### 做法

1. 将肉末放入碗中，加水淀粉、料酒、五香粉、盐、生抽、葱末、姜末，然后用汤匙或筷子沿一个方向搅拌均匀，待用。
2. 平底锅中放入适量食用油，取拌好的肉末在手心摁平，然后放入平底锅中煎至两面金黄。
3. 将洗净的黄瓜、番茄分别切片。
4. 奶酪片切成粒。
5. 取两片全麦面包，一片放在案板上，依次放上生菜、肉饼、黄瓜片、番茄片，再放上适量奶酪粒，覆盖上另一片全麦面包，夹紧。
6. 将全麦面包三明治沿对角线切成两半即可。

# Day 2
# 午餐

这一款 2 人份午餐，总热量仅为 770 千卡，很多情况下一个人一餐则轻松赶超。其实低卡并不代表挨饿，比如这顿午餐，千张及牛肉增加饱腹感，粗粮细作成浓汤又与千张卷搭配得恰到好处。

## 彩虹牛肉千张卷

热量
354 千卡

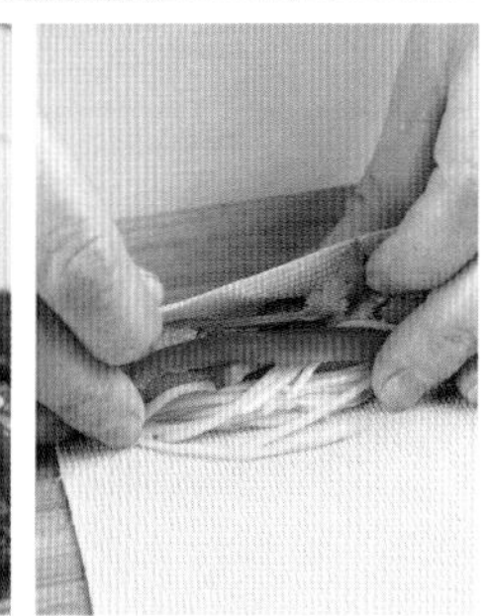

### 原料（2 人份）

牛肉 80 克
千张 75 克
金针菇 40 克
红彩椒、青彩椒、
胡萝卜各 30 克
香菜 1 根

### 调料

料酒 2 毫升
黑胡椒 2 克
盐 2 克
芝麻酱 5 克
辣椒酱 4 克
生抽 4 毫升
食用油 适量

### 做法

1. 牛肉切丝，加料酒、盐、黑胡椒腌制 10 分钟。
2. 将千张洗净，切成大小相同的长方形，焯水煮熟备用。
3. 将金针菇放入沸水锅中焯煮成熟，捞出沥干水分，备用。
4. 红彩椒、青彩椒、胡萝卜分别洗净，切成丝；香菜切段。
5. 锅中倒油，将腌好的牛肉丝炒熟，盛出备用。
6. 拿出 1 张千张皮，将牛肉丝、胡萝卜丝、红彩椒、青彩椒、金针菇、香菜段平铺放入。
7. 将食材卷入千张皮。
8. 将芝麻酱、生抽、辣椒酱混合，调成酱汁，用于彩虹千张卷调味。

# 玉米沙拉

热量
126 千卡

**原料**（2 人份）

玉米粒 100 克

红彩椒 30 克

西芹 50 克

洋葱 30 克

**调料**

橄榄油 2 毫升

盐 1 克

白醋 5 毫升

**做法**

1. 西芹去掉叶子，清洗干净，茎部切成丁。
2. 玉米粒洗净，和西芹丁一起放入沸水锅中焯 2 分钟，捞出过凉。
3. 红彩椒洗净，去籽，切成丁；洋葱切成同样大小的丁。
4. 将备好的食材放入盘中，加橄榄油、盐、白醋，拌匀即可。

# 南瓜燕麦浓汤

热量
290 千卡

## 原料（2 人份）

南瓜 200 克

牛奶 200 毫升

即食燕麦 40 克

## 做法

1. 将南瓜去皮、洗净、切块。
2. 将南瓜块放入碗中，隔水蒸熟。
3. 将牛奶加热。
4. 将南瓜、牛奶、即食燕麦放入料理机中搅打成糊状即可。

# Day 2
## 晚餐

这一道晚餐，乍一看貌似没有主食，但其实是用土豆搭配玉米等做成主食，土豆因含高淀粉早已脱离根茎类蔬菜晋升到薯类主食的行列中，以后不要再保持一盘酸辣土豆丝配白米饭的饮食习惯了！

### 香煎三文鱼佐土豆泥

热量
414 千卡

**原料**

三文鱼 100 克
土豆 200 克
西蓝花 80 克
胡萝卜 30 克
青豆 30 克
玉米粒 30 克
牛奶 少许

**调料**

盐 3 克
黑胡椒适量
橄榄油 5 毫升
料酒 适量

**做法**

1. 土豆洗净，去皮切片，上锅蒸 15 分钟，取出后趁热将土豆片碾压成泥。
2. 往土豆泥中加入少许牛奶，调成喜欢的稠度，放入少量盐与黑胡椒调味。
3. 胡萝卜洗净后切丁，与青豆、玉米粒一同煮熟后，捞起，沥干水分。
4. 再加入到调好的土豆泥中拌匀，装盘。
5. 锅内煮水，加入少许盐、橄榄油，将西蓝花焯熟，摆在盘子边缘装饰。
6. 三文鱼洗净后在表面撒少量盐、黑胡椒、料酒腌制约 10 分钟后擦干表面。
7. 煎锅烧热倒入 5 毫升橄榄油，放入三文鱼，保持大火煎 30 秒后，转成小火继续煎 2 ~ 3 分钟，之后翻面，继续大火煎 30 秒，小火 2 ~ 3 分钟至全熟透。
8. 将煎好的三文鱼放在土豆泥上即可。

### 百香果苏打水

热量
45 千卡

**原料**

百香果 1 个
苏打水 150 毫升

**调料**

蜂蜜 3 毫升

**做法**

1. 将百香果切开，挖出果肉，倒入杯中。
2. 再加入蜂蜜拌匀，倒入苏打水即可。

# Day 3
# 早餐

红糖饼应该是很多女生望而却步的主食吧，认为其热量高，容易长胖，但在早晨食用，可以合理控制食用量，并搭配高纤维高蛋白的食物，则可较为放心，这样可避免出现一吃就停不下来的情况。

## 黑芝麻核桃红糖饼

热量 287 千卡

### 原料

黑芝麻核桃红糖粉 30 克

面粉 50 克

### 调料

酵母 1 克

### 做法

1. 提前将面粉加水、酵母和成面团，放置一晚上。
2. 早上起来后，面团已发酵至两倍大，将面团分成小剂子。
3. 将小剂子擀成中间厚边缘薄的圆片，包上黑芝麻核桃红糖粉。
4. 将面团捏紧，醒发 10 分钟，放平底锅烙熟即可。

## 奶香玉米汁

热量 182 千卡

### 原料

玉米 70 克

牛奶 1 杯

### 调料

白糖 适量

### 做法

1. 将玉米粒剥下来后洗净，放入沸水锅中煮熟，捞出沥干。
2. 将玉米粒放入榨汁机中，加入适量牛奶、白糖，搅打成玉米汁，倒入杯中即可。

## 拌金针菇

热量 34 千卡

金针菇 50 克，葱花适量，盐少许，芝麻油 2 毫升

# Day 3
# 午餐

这是 2 人份午餐，米饭也是每人半碗。低卡饮食中蛋白质是必不可少的，不仅是人体需要，更能增加饱腹感。各种肉类在热量方面的选择，建议原则为无腿的（鱼、虾、蛋）>两条腿的（鸡、鸭禽类）>四条腿的（猪、牛、羊等畜类）。

## 茭白鸡丁

热量
401 千卡

### 原料（2 人份）

鸡胸肉 200 克
茭白 100 克
黄瓜 100 克
胡萝卜 90 克
彩椒 50 克
蒜末、姜片、葱段各少许

### 调料

盐 3 克
食用油 5 毫升

### 做法

1. 胡萝卜、黄瓜、茭白、鸡胸肉洗净后全部切丁；彩椒切小块。
2. 鸡丁中放入适量盐、2 毫升食用油，拌匀，腌 10 分钟。
3. 开水锅中放盐，将胡萝卜丁、茭白丁、鸡丁汆煮至断生。
4. 油起锅，放姜片、蒜末、葱段爆香，倒入鸡肉丁，炒匀。
5. 再倒入黄瓜丁、胡萝卜丁、茭白丁和彩椒块，炒匀；加入适量盐调味，即可盛出装盘。

# 清炒绿豆芽

热量
64 千卡

**原料**（2 人份）
绿豆芽 150 克
葱花 适量

**调料**
盐 3 克
食用油 4 毫升

**做法**

1. 将绿豆芽浸泡 3 分钟，捞起漂浮的豆壳。
2. 捞起绿豆芽，晾干备用。
3. 锅内热油，放入绿豆芽，不停翻炒。
4. 炒至七八成熟时，放入盐、葱花，最后翻炒几下即可装盘。

# 莲藕花生汤

**原料**（2 人份）

莲藕 150 克

水发花生 50 克

**做法**

1. 将洗净去皮的莲藕对半切开，再切成薄片，装入盘中，备用。
2. 砂锅中注水烧开，放入洗好的花生。
3. 砂锅加盖，用小火煲煮约 30 分钟。
4. 揭盖，倒入切好的莲藕。
5. 加盖，用小火续煮 15 分钟至食材熟透即可。

# 鹰嘴豆糙米饭 1 碗

热量
255 千卡

鹰嘴豆 30 克，糙米 60 克

# Day 3
# 晚餐

晚餐选择一清汤、一绿菜、一杂粮饭足矣，清汤简便且清淡，如这一碗牡蛎豆腐汤，满满的高蛋白，3分钟即搞定；秋葵经白灼后蘸芥末，清新中带着刺激；最后搭配一碗粗粮饭，便成了一顿零负担的晚餐！

## 牡蛎豆腐汤

热量
145 千卡

### 原料

生蚝肉 80 克

豆腐 50 克

白萝卜 80 克

葱段、姜片各少许

葱花 少许

### 调料

山茶油 5 毫升

盐、白胡椒各少许

### 做法

1. 将白萝卜洗净后切成片；豆腐切成小块。
2. 锅内烧热，加入 5 毫升山茶油，将葱段、姜片炒香，放入白萝卜片炒半分钟，加入两碗水烧开。
3. 再加入生蚝肉、豆腐块煮开，加入盐、白胡椒调味。
4. 盛出时撒上葱花即可。

## 芝麻山药饭

热量
204 千卡

### 原料

水发大米 70 克

熟黑芝麻 5 克

芹菜 20 克

山药 60 克

### 做法

1. 山药洗净去皮后切小块，芹菜洗净后切碎。
2. 取一个蒸碗，倒入洗好的大米，铺平，放入山药、芹菜，搅拌均匀。
3. 再撒上熟黑芝麻，注入适量清水，待用。
4. 蒸锅上火烧开，放入蒸碗，蒸至食材熟透即可食用。

## 芥末秋葵

热量
63 千卡

秋葵 100 克，芥末 2 克，酱油 3 毫升，山茶油少许

# Day 4
# 早餐

很多人不记得在早晨吃蔬菜，觉得很麻烦，其实提前准备一份肉酱，早晨起来从胡萝卜、黄瓜、生菜、莴苣、各色甜椒等蔬菜中随意选两样，切切就蘸着肉酱吃，让肉酱不肥腻青菜不寡淡，100% 好搭档。

## 糯米小南瓜

热量
238 千卡

### 原料

南瓜 80 克
牛奶 50 毫升
糯米粉 50 克
枸杞 3 颗

### 做法

1. 将南瓜洗净去皮，放蒸锅内蒸熟，取出后加少许牛奶捣烂成泥。
2. 在南瓜泥中加入糯米粉，慢慢地加入牛奶，揉成不粘手的面团。
3. 将面团揪成剂子，用手将剂子搓成圆形，压扁，用牙签压出南瓜纹路，上方插上 1 个枸杞。
4. 将做好的糯米小南瓜放入蒸锅内蒸 10 分钟即可。

# 番茄洋葱肉酱

热量
88 千卡

## 原料

番茄 20 克
小洋葱 1 个
胡萝卜 20 克
肉末 25 克

## 调料

橄榄油 3 毫升
盐、黑胡椒粉
各 2 克
干百里香 少许

## 做法

1. 将番茄、小洋葱、胡萝卜分别洗净，切成丁状。
2. 不粘锅烧热，放入橄榄油，将上述食材放入锅内，炒 1 分钟。
3. 将肉末继续放入锅中，加干百里香，翻炒至汁水略微收干，加盐、黑胡椒粉调味。

# 蔬菜篮

## 原料

青椒、红椒、黄椒各 20 克

生菜 2 片

## 做法

1. 将青椒、红椒、黄椒洗净后切成条状。
2. 将生菜洗净，垫在盘底，放入彩椒条。
3. 蘸番茄洋葱肉酱食用。

# 香蕉牛奶奶昔

## 原料

牛奶 200 毫升

香蕉 1 根

## 做法

香蕉去皮，将香蕉与牛奶一起放入料理机中，搅拌均匀即可。

# Day 4
# 午餐

粗细搭配的主食是低卡饮食中不可或缺的一部分，但每次制作起来好像很费时间，我的方式是一次做3次的米饭量，吃一份，剩下的打包成两份，放在冰箱，每次回家做饭时拿出来一份热一下即可。

## 西芹炒百合

热量
33 千卡

### 原料

西芹 70 克

鲜百合 30 克

葱 1 棵

### 调料

橄榄油 3 毫升

盐 0.5 克

### 做法

1. 将西芹择洗干净，去掉叶子，切成段。
2. 葱洗净，切成葱段。
3. 锅烧热，倒入橄榄油，放入葱段，炒出香味。
4. 再倒入西芹段和百合急火快炒 1 分钟。
5. 加入盐调味，装盘即可。

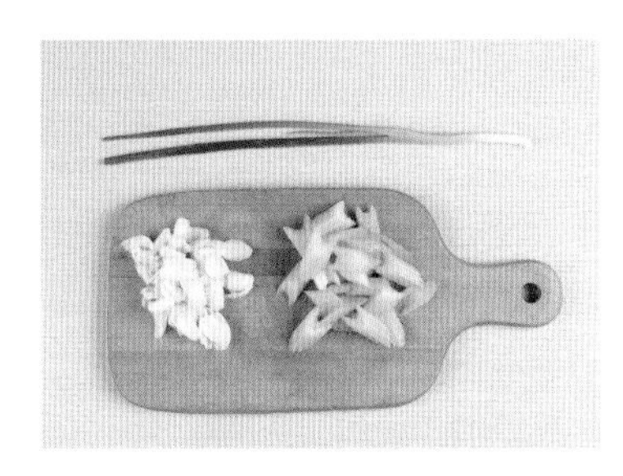

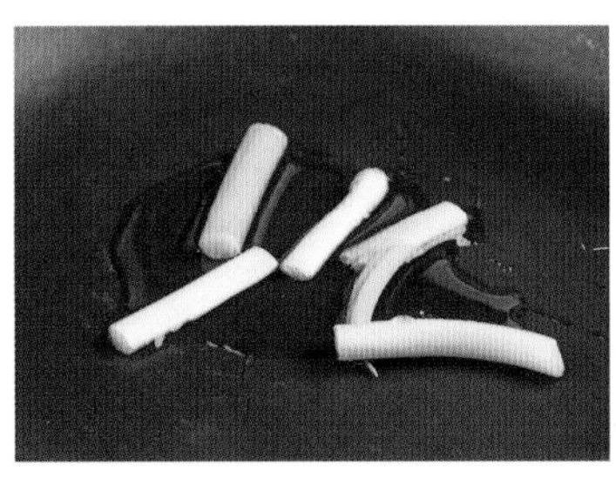

# 黑椒炒菇

热量
60 千卡

## 原料

口蘑 100 克

## 调料

黑胡椒 1 克

橄榄油 4 毫升

盐 1 克

## 做法

1. 将口蘑洗净，切片。
2. 锅内放 4 毫升橄榄油，放入切好的口蘑片翻炒。
3. 待炒至金黄色，加入黑胡椒、盐调味，最后盛入盘中。

# 酸汤黄骨鱼

热量
117 千卡

**原料**

黄骨鱼 1 条（约 100 克）

番茄 60 克

芹菜叶 20 克

葱段 少许

姜丝 少许

**调料**

料酒 6 毫升

盐 1 克

黑胡椒 1 克

**做法**

1. 将鱼去鳃去内脏后，洗净、切块，倒入料酒、葱段、姜丝腌制 10 分钟。
2. 芹菜叶洗净，随意切两刀备用。
3. 番茄洗净，一半切小片，一半切小丁。
4. 准备汤锅，略烧热，倒入番茄丁，拌炒 20 秒后倒入一碗水。
5. 加入剩下的番茄片，大火煮开。
6. 煮开后放入腌制好的黄骨鱼块，续煮 5 分钟，加入黑胡椒、盐调味。
7. 出锅时加入芹菜叶，盛入碗中即可。

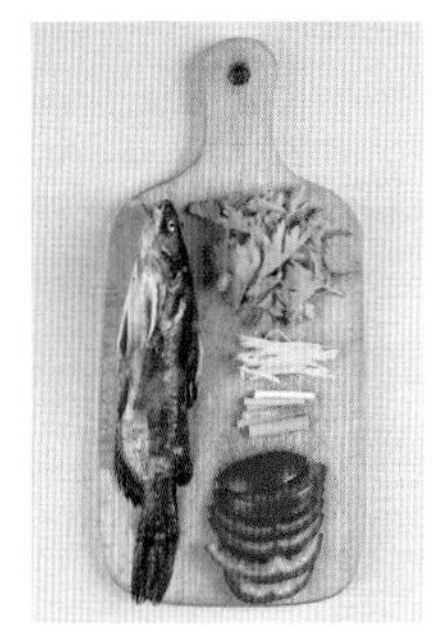

# 绿豆薏米饭 1 碗

热量
210 千卡

水发绿豆 30 克，水发薏米 20 克，水发糙米 50 克

# Day 4
# 晚餐

扫一扫，看视频

低卡饮食不代表是味同嚼蜡、简单凑合的饮食。低卡饮食更需要丰富多彩去维持下去，比如这一道五彩杂炒拌意面，将不同颜色的食材轻炒过后调味与意面拌匀即可，简单易操作，又不失食物的色泽。

## 五彩杂炒拌意面

热量 367 千卡

### 原料

意面 50 克
鸡胸肉 70 克
番茄 90 克
青椒 60 克
黄彩椒 40 克
杏鲍菇 40 克
蒜 1 颗

### 调料

盐 1 克
橄榄油 5 毫升

### 做法

1. 将意面放入沸水锅中煮 8 分钟。
2. 将黄彩椒、杏鲍菇、青椒、番茄、鸡胸肉洗净，全部切成丁；将蒜切成蒜末。
3. 锅加热后，倒入橄榄油，放入蒜炒香。
4. 放入番茄丁继续翻炒，加入杏鲍菇丁、鸡胸肉丁继续翻炒，至鸡胸肉八成熟。
5. 加入青椒丁、黄彩椒丁继续翻炒 1 分钟，加入盐调味。
6. 盛出煮好的面，沥干水分，装盘。
7. 将杂炒盛出后倒在面上，拌匀即可。

## 菠菜蛋汤

热量 53 千卡

### 原料

鹌鹑蛋 3 个
菠菜 40 克

### 调料

盐 1 克

### 做法

1. 将菠菜洗净后切段；水烧开，加入菠菜段。
2. 将鹌鹑蛋打散，淋入汤中。
3. 加盐调味后盛入碗中即可。

# Day 5
# 早餐

长期低卡饮食容易存在的一个问题是贫血，因长期低热量，会影响铁、铜、维生素 $B_{12}$ 等摄入。为了避免贫血出现，我搭配了一道补血的早餐，紫薯含花青素、菠菜补叶酸、鸡蛋补蛋白。

## 紫薯紫米粥

热量 174 千卡

### 原料

紫薯 30 克

紫米 20 克

大米 10 克

红豆 10 克

红枣 1 颗

### 做法

1. 红豆提前一晚洗净、泡好。
2. 将紫薯洗净、去皮、切成小粒。
3. 将紫米、大米、红枣洗净。
4. 将紫薯粒、红豆、紫米、大米、红枣加一小碗水煮成粥即可。

## 鸡蛋 1 个

热量 76 千卡

## 圣女果 3 颗

热量 12 千卡

## 鸡汤枸杞煮菠菜

热量 43 千卡

### 原料

菠菜 3 根

鸡汤 1 碗

枸杞 6 颗

### 调料

盐 1 克

### 做法

1. 将菠菜、枸杞洗净。
2. 将一碗鸡汤加枸杞煮开，加入少许盐。
3. 将菠菜放入煮熟即可。

# Day 5
# 午餐

粗粮主食并不低卡，一碗米饭的热量甚至比一碗杂粮米饭热量低，为什么还要用粗粮呢？主要因为粗细搭配的粗粮主食让餐后血糖不至于迅速飙升，换句话叫消化慢，自然饱腹时间长，更不容易饿。

## 鲜百合炒鸡胸肉

热量
235 千卡

### 原料

鸡胸肉 100 克
鲜百合 30 克
青椒、红椒各 50 克
姜片 少许

### 调料

盐 2 克
胡椒粉 1 克
食用油 3 毫升

### 做法

1. 鸡胸肉洗净切片，加胡椒粉、1 克盐腌制 5 分钟。
2. 青椒、红椒洗净，切丝。
3. 锅中热油，姜片爆香；放入鸡胸肉片，快速翻炒。
4. 放入青椒丝、红椒丝、鲜百合，放入 1 克盐调味。
5. 大火快炒后立刻起锅，盛出装盘即可。

# 清炒秋葵

热量
72 千卡

## 原料

秋葵 100 克

## 调料

盐 1 克

食用油 3 毫升

## 做法

1. 秋葵用清水冲洗干净后，用盐水浸泡 10 分钟，去蒂，切成小段。

2. 锅热后倒入食用油，加入秋葵段，翻炒片刻。

3. 倒入适量清水焖 2 分钟，加盐调味即可。

# 鹰嘴豆糙米饭

热量
255 千卡

## 原料

鹰嘴豆 30 克

糙米 60 克

## 做法

1. 提前将鹰嘴豆、糙米洗净，用水泡 2 小时。
2. 将泡好的鹰嘴豆和糙米放入电饭锅内，煮熟即可。

# Day 5
## 晚餐

轻巧的晚餐带来的不仅是简便干净，更是一份健康零负担，整个晚餐用蒸煮的制作方法，低热量，少油烟，给肠胃带去一份舒适，杂粮篮的设计用了薯类代替主食，也适合白天吃不到粗粮的人群。

### 番茄牛肉汤

热量 74 千卡

**原料**

番茄 1 个

牛肉 50 克

葱 少许

**调料**

盐 1 克

白胡椒 少许

**做法**

1. 将番茄洗净后切成小丁；葱洗净后切末；牛肉切丁。
2. 锅烧热，加入番茄丁翻炒出汁，加入牛肉丁继续翻炒。
3. 再加适量水煮开后，放入少许盐、白胡椒、葱末调味即可。

### 鸡汤煮小白菜

热量 96 千卡

**原料**

小白菜 150 克

鸡汤 150 毫升

**调料**

盐 1 克

**做法**

1. 小白菜去根洗净后切段。
2. 锅内烧热鸡汤，放入小白菜煮约 2 分钟至熟，加入少量盐调味即可。

### 杂粮篮

热量 130 千卡

**原料**

南瓜 80 克，山药 100 克，紫薯 80 克

**做法**

1. 将南瓜、山药、紫薯洗净后分别切成段。
2. 放入蒸锅中蒸 10 分钟至熟透即可。

# Day 6
# 早餐

扫一扫，看视频

松饼也是我狂爱的主食之一，因其操作简便、口感绵软、味道香浓，鸡蛋、牛奶液中加入面粉和红薯、南瓜、香蕉等均可做出来，最后摆上水果、坚果，搭配一杯奶，即成又养眼又营养的早餐。

## 红薯松饼

热量
490 千卡

### 原料

红薯 1 个

低筋面粉 40 克

牛奶 1 杯

鸡蛋 1 个

猕猴桃 1 个

蓝莓 1 小把

腰果 6 颗

### 调料

枫糖浆 5 克

### 做法

1. 将红薯洗净，放入锅中煮熟，盛出凉一凉，剥皮并捣烂成泥。
2. 将红薯泥放在大碗中，加入面粉、鸡蛋、牛奶，拌匀成面糊。
3. 不粘锅烧热，倒入 1 勺面糊，待面糊表面起泡后，翻面继续加热至表面金黄即可。
4. 分次做 3 个红薯松饼，在盘中摆好。
5. 猕猴桃去皮后一半切厚片，一半切小块。
6. 将猕猴桃块和洗净的蓝莓放在松饼上，盘边装饰猕猴桃片和腰果，淋上枫糖浆即可。

## 牛奶 200 毫升

热量
108 千卡

# Day 6
## 午餐

秋冬季节，饮食应注意以保暖、滋阴润肺、健脾养胃、调补肝肾为主，这道午餐完全符合这个理念，主食健脾养胃补肾阴、当归乌鸡汤滋阴补血补肾、田园小清新防冬郁秋燥。

### 田园小清新

热量
174 千卡

**原料**

西蓝花 40 克
青豆 30 克
胡萝卜 20 克
口蘑 40 克
莲藕 90 克
葱 少许

**调料**

盐 2 克
橄榄油 5 毫升

**做法**

1. 将所有食材洗净。
2. 西蓝花切成小块；将葱切成段；胡萝卜、口蘑切片；莲藕削皮并切丁。
3. 锅内煮水，放 1 克盐，将西蓝花、青豆、胡萝卜、口蘑、莲藕一起焯水，捞出装盘备用。
4. 炒锅烧热，倒入油，将所有蔬菜倒入炒锅内，急火快炒。
5. 临出锅时加入 1 克盐调味即可。

# 当归乌鸡汤

热量
145 千卡

## 原料

当归 5 克
乌鸡 100 克
红枣 2 颗
枸杞 8 颗
葱段 5 克
姜 4 片

## 调料

料酒 5 毫升
盐 1 克

## 做法

1. 将乌鸡切块、洗净，用料酒腌制 10 分钟，去除腥味。
2. 凉水入锅，将乌鸡肉倒入锅中，焯水，撇去浮沫。
3. 锅内烧水，将当归、红枣、枸杞同煮 5 分钟。
4. 再放入焯好水的乌鸡，加入葱段、姜片，炖煮 30 分钟。
5. 出锅时加入盐调味即可。

# 黑米板栗饭

热量
197 千卡

## 原料

黑米 30 克

大米 20 克

板栗 4 颗

## 做法

1. 将黑米和大米混合，一起淘洗干净；将板栗洗净。

2. 将黑米、大米与水按照 1:1 的比例放入电饭煲中，加入板栗，煮熟即可。

# Day 6
## 晚餐

扫一扫，看视频

蔬菜三文鱼粥可算作一种汤饭，很多人不理解汤饭，会觉得白粥升糖指数高，整个像菜汤泡饭，过多的摄入盐分，其实不然，不饱和脂肪酸和蛋白质的鱼类以及粗纤维蔬菜的搭配已经降低了升糖指数，且用盐量很少。

### 蔬菜三文鱼粥

热量 256 千卡

**原料**

三文鱼 70 克

胡萝卜 40 克

芹菜 30 克

水发大米 45 克

**调料**

盐 1 克

**做法**

1. 芹菜洗净切丁；去皮洗好的胡萝卜切丁；将三文鱼切片，装入碗中。
2. 锅中注入适量清水烧开，倒入水发大米，慢火煲 15 分钟至大米熟透。
3. 倒入胡萝卜丁，慢火煮 5 分钟至食材熟烂。
4. 加入三文鱼片、芹菜丁，拌匀煮沸，加盐，拌匀调味即可。

### 番茄猕猴桃沙拉

热量 59 千卡

**原料**

去皮猕猴桃 50 克

番茄 50 克

黑橄榄 10 克

**调料**

柠檬汁 5 毫升

**做法**

1. 将去皮猕猴桃切成厚片；番茄切成厚片；黑橄榄切成薄片。
2. 将猕猴桃片、番茄片和橄榄片排列于盘中，淋上柠檬汁即可。

# Day 7
## 早餐

把“彩虹”融入到食物中，是我一直倡导的理念，各色食物有其独有的营养，且缤纷的颜色会带来视觉上的享受，令食客心情舒畅，同时增加了主食的营养。尝试着将主食色彩化是彩虹低卡饮食的重要一步。

### 五彩疙瘩汤

热量
398 千卡

**原料**

红心火龙果 20 克
黑芝麻粉 10 克
全麦面粉 50 克
芹菜 1 小根
鲜基围虾 5 只
胡萝卜 10 克
南瓜 10 克
紫薯 10 克
鸡蛋 1 个

**调料**

橄榄油 4 毫升
盐 1 克

**做法**

1. 红心火龙果取出果肉，榨成汁，加入全麦面粉调成红色面糊。
2. 黑芝麻粉与全麦面粉混合，加入适量水调成黑色面糊。
3. 全麦面粉加水调成原色面糊。
4. 鸡蛋打散备用；鲜虾去壳，虾肉切小丁。
5. 芹菜、胡萝卜、南瓜、紫薯洗净后切小丁。
6. 锅内烧开水，将三色的面糊依次用漏勺漏到锅内，煮 1 分钟后捞出。再将南瓜与紫薯粒放进去煮 1 分钟后捞出。
7. 热锅倒油，放入鲜虾丁、芹菜丁、胡萝卜丁略炒。
8. 加水烧开，倒入面疙瘩、南瓜丁、紫薯丁，煮开后加入鸡蛋液，搅拌均匀，加盐调味即可。

### 酸奶沙拉

热量
96 千卡

菠萝 40 克，黄瓜 40 克，酸奶 1 小杯

# Day 7
# 午餐

鳕鱼、三文鱼一类的深海冷水鱼，因蛋白质利于吸收，富含不饱和脂肪酸，且肉甘味美，刺少易烹饪，以清蒸香煎为主，赢得了广大食客的喜爱，甚至被称为“餐桌营养师”。

## 清蒸鳕鱼

热量
88 千卡

### 原料

鳕鱼块 100 克

### 调料

盐 2 克

料酒 3 毫升

### 做法

1. 将洗净的鳕鱼块装入碗中，加适量料酒拌匀，放适量盐抹匀，腌渍 10 分钟至入味。
2. 将腌渍好的鳕鱼块装入蒸盘中，备用。
3. 蒸锅上火烧热，放入蒸盘，盖上盖，用大火蒸约 10 分钟至鳕鱼熟透。
4. 揭盖，将蒸好的鳕鱼块取出，稍微冷却即可食用。

# 清炒油麦菜

热量
42 千卡

## 原料

油麦菜 150 克

蒜蓉 3 克

## 调料

盐 1 克

食用油 3 毫升

## 做法

1. 把油麦菜去根洗净，沥干水。
2. 锅内倒入食用油，油温七分热时，下蒜蓉爆香，随后倒入油麦菜煸炒。
3. 当菜的颜色变深时，加入适量盐炒匀即可出锅。

# 牛蒡丝瓜汤

热量
113 千卡

### 原料

牛蒡 80 克

丝瓜 60 克

姜 3 片

葱花 2 克

### 调料

盐 1 克

食用油 3 毫升

### 做法

1. 洗净去皮的牛蒡切滚刀块，用清水浸泡；洗好去皮的丝瓜切滚刀块，待用。
2. 锅中注入适量清水烧热，倒入食用油、牛蒡块、姜片，搅匀。
3. 盖上锅盖，烧开后用小火煮约 15 分钟至其熟软。
4. 揭开锅盖，倒入丝瓜块，用大火煮至熟透，加入盐搅匀调味。
5. 关火后盛出煮好的汤料，装入碗中，撒上葱花即可。

# 糙米燕麦饭 1 碗

燕麦 30 克，水发大米、水发糙米、水发薏米各 85 克

# Day 7
# 晚餐

这是一餐高铁低卡晚餐，猪血、瘦肉、菠菜、黑米均为优质的补铁食材，低卡饮食容易造成面黄肌瘦，但这道晚餐，可以让我们享受低卡的同时，保持面色红润，时时好气色！

## 韭菜鸭血

热量
122 千卡

### 原料

韭菜 80 克
鸭血 50 克
姜、蒜各适量

### 调料

山茶油 5 毫升
盐 1 克

### 做法

1. 鸭血切片；洗净的韭菜切小段；蒜切片；姜切丝，备用。
2. 锅内烧水，将鸭血焯水至断生后捞出。
3. 炒锅烧热，倒入山茶油，放蒜片、姜丝炒香。
4. 再放入鸭血，中小火轻轻翻炒，加入韭菜段炒 30 秒，加盐调味即可。

## 肉末菠菜

热量
113 千卡

### 原料

猪肉末 30 克
菠菜 80 克
葱段适量
姜片、蒜末各适量

### 调料

酱油 少许
盐 1 克
山茶油 5 毫升
料酒 适量
水淀粉 适量

### 做法

1. 猪肉末中放少许料酒、酱油、葱段、姜片、蒜末，腌制约 10 分钟。
2. 炒锅烧热，倒入山茶油，炒制猪肉末。
3. 再加少许酱油、盐、水淀粉做成肉末酱。
4. 锅中注水烧开，放入菠菜，焯熟后捞出。
5. 将肉末酱淋在菠菜上即可。

## 黑米红枣饭

热量
232 千卡

黑米 30 克，红枣 2 颗，粳米 30 克

# 双皮奶

热量
238 千卡

## 原料

全脂牛奶 300 毫升

蛋清 2 个

## 调料

细砂糖 10 克

## 做法

1. 牛奶放锅里煮开，倒入小碗中，自然冷却到表面结一层奶皮；将牛奶缓缓倒回锅内，注意不要将奶皮弄破，牛奶倒出后奶皮贴于碗底。

2. 蛋清打散，倒入锅中与牛奶混合，加入细砂糖，搅拌至融化。

4. 在碗上放一个漏网，将牛奶缓缓倒入碗中。

5. 冷水入蒸锅，把双皮奶盖上保鲜膜放入锅内。

6. 水开后改中火蒸 15 分钟后关火，焖 2 ~ 3 分钟之后再开盖，打开保鲜膜即可食用。

# 烤馍片

热量
272 千卡

## 原料

馒头 2 个

## 调料

小茴香 2 克
黑胡椒 3 克
辣椒粉 3 克
椒盐、孜然各 5 克
食用油 5 毫升

## 做法

1. 馒头切成均等的厚片。
2. 将所有调料混合成酱汁。
3. 烤盘垫锡纸，放入馒头片，再往上面均匀刷调料。
4. 烤箱预热，中层 180℃，将馒头片烤 10 分钟。
5. 将颜色变黄的馒头片翻面，再烤 10 分钟。
6. 反复翻面烤至手捏不软即可。

# PART 2
# 第二周低卡餐

我所倡导的低卡饮食并不是热量极低，也并不是只啃草，更不是低碳饮食。只是在轻体力劳动女性适宜能量 1800 千卡的基础上略减了 400~500 千卡而已，而且食物种类及比例大致在中国居民膳食宝塔范围内。至于为什么可以做到低卡，主要是还原了食物本真的味道，并结合了轻烹饪的方式而已。

这一周起，晚餐我只提供了一道菜或一个主食，其他的部分靠您自己去搭配完成，一起创造自己的低卡料理吧！

# 专栏 2：关于低卡饮食的迷思 & 解密

关于低卡优食，很多人会问是不是热量越低越好？负能量食物真的存在吗？低卡饮食可以一直吃下去吗？很多产品写的低脂、低糖等是不是就可以食用呢？低卡饮食适合我吗？诸如此类的问题有很多，现在我就重点来进行解答。

## 低卡饮食是不是热量越低越好

很多人选择低卡饮食有个误区就是热量越低越好，其实不然，有句话叫“吃饱了饭再谈减肥”，我觉得应该改成“补足了营养再谈减肥”。进行低卡饮食需要将食物进行合理搭配，在保证营养摄入充足的前提下，控制总能量的摄入。

采用小于 800 千卡的极低热量摄入进行节食，在刚开始的一两周内，体重必然迅速下降，但这种现象不会持续，我们身体会启动应激的自我保护反应，开始降低细胞代谢率来减少能量的消耗，特别是代谢最高的肌肉细胞会被无情地杀死，代谢越来越低。

摄入的热量越低或节食时间越久，身体的代谢率也会越低，到最后即使每天吃得很少了，体重都掉不下来。而且最恐怖的是，一旦你开始增加食量，体重会迅速长回来，甚至比以前还要重！因为这时候身体的代谢已经太低，稍微正常饮食就超过了代谢，继续累积脂肪。所以要消除脂肪达到减肥效果，必须多吃蛋白质，提高代谢率！

## 真的存在负能量食物吗

网上流传的“负能量食物”，列举了苹果、芹菜、黄瓜等多种食物，声称吃了这些食物不仅不会给人体增加热量，反而会消耗更多的能量，让人越吃越瘦。听到这些，很多肥胖者感觉光明来了，只要吃这些食物就能轻松地减肥呢！抱歉，请别高兴太早，这就是伪称号！

所谓“负能量食物”，并不是指所含能量小于零的食物，而是指消化时所需能量大于其本身所提供能量的食物。

说到消化食物所需的热量，其实就是营养学上的“食物热效应”。但遗憾的是食物热效应并不是很大。在三大产能物质中，蛋白质的食物热效应最大，相当于其本身能量的 30%！而即使所有食物的食物热效应都像蛋白质那么高，那剩下 70% 的热量仍然被人体吸收利用，所以“负能量食物”是不可能存在的。

## 低卡饮食适合哪些人群

低卡饮食适合体脂率高于 20% 的男性和体脂率高于 30% 的女性，适合高血糖、高血脂、高血压以及脂肪肝等有慢性代谢性问题的人群，同时也适合一些脸上易出油、长痘痘等毒素较多的人群，还适合代谢较慢的老年人。

但对于孕产妇、乳母、正在发育的青少年，以及自己体力消耗很大或因疾病需要较高热量的人群是不适合的。

## “低卡”商品存在的陷阱

很多商家为了迎合健康饮食的趋势，会在产品包装上写低糖饼干、低脂酸奶、无糖饮料等字样，让消费者听起来觉得它们是很健康的食物。但仔细看看包装，会发现低糖饼干用了很多油进行制作，低脂酸奶、苹果醋为了味道好而加了很多糖，无糖饮料加了安赛蜜等食品添加剂。还有坚果、果干，适量吃有利健康，但为了口感好，加了很多盐或糖，让你一吃就停不下来，热量自然超标！所以，要想低卡，尽量选择未加工的天然食物。

## 低卡饮食可以长期坚持吗

低卡饮食不可作为长期的饮食习惯，首先人体每个年龄阶段及每个人的身体状态所需的热量均不相同，不可以一概而论。但低卡饮食在需要减脂、降三高、排毒的时候是非常适合的，待身体进入健康状态时，则可以均衡营养地饮食。或者健康人群也可以每周进行两三天的低卡饮食，或者每个月进行一周的低卡饮食，促进身体的排毒和代谢，起到养生的效果。

# Day 8
# 早餐

早晨煮一碗馄饨，连汤带饭还有肉，加点儿紫菜、虾皮进去，还可顺带补充些矿物质，再搭配一份蔬果沙拉或烫青菜、一份牛奶或豆浆，则是一顿非常营养的早餐，关键是节省时间，无需花费很长的时间烹饪。

## 荠菜鲜肉大馄饨

热量 178 千卡

### 原料

速冻荠菜鲜肉大馄饨 8 只

葱花 适量

### 做法

1. 锅中注入适量清水烧开。
2. 将速冻荠菜鲜肉大馄饨解冻后，放入沸水锅中煮熟。
3. 盛出装碗，撒上葱花即可。

## 牛奶 200 毫升

热量 108 千卡

## 牛油果鸡蛋沙拉

热量 294 千卡

### 原料

牛油果 100 克

鸡蛋 50 克

杏仁 10 克

### 调料

苹果醋 3 毫升

盐 适量

### 做法

1. 将鸡蛋洗净后，冷水下锅煮约 8 分钟后取出。
2. 鸡蛋放凉，剥除蛋壳，切小块。
3. 牛油果洗净后去核，并挖出果肉切块。
4. 将牛油果块、鸡蛋一起放在碗里。
5. 倒入苹果醋、盐拌匀，再撒上杏仁粒即可。

# Day 8
# 午餐

这一份午餐有豆类、芽菜类、绿叶菜、菌菇类、鱼类、粗粮，种类算蛮丰富的一顿饭，很多人会觉得吃饭嘛，有菜有肉有饭就行，为什么还要费心思弄得五花八门，其实每个食材都有着独特的营养。

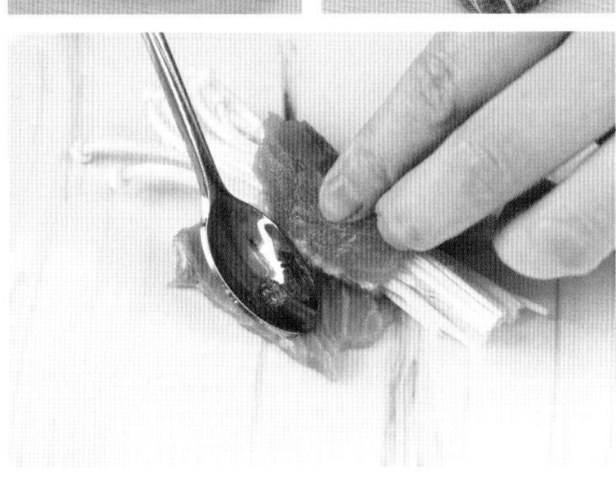

## 三文鱼金针菇卷

热量
183 千卡

### 原料

三文鱼 80 克

金针菇 30 克

芥菜 30 克

蛋清 30 克

### 调料

盐 适量

食用油 4 毫升

### 做法

1. 芥菜洗净，切去根部，放入沸水中焯煮 1 分钟，捞出过凉。
2. 处理干净的三文鱼切成薄片，装在碗中，加盐搅匀，腌渍 15 分钟至入味。
3. 将蛋清搅匀制成蛋液，待用。
4. 铺平鱼片，抹上蛋液，放上金针菇，卷成卷，用蛋液涂抹封口，制成鱼卷生坯，备用。
5. 煎锅置于火上，放入食用油、鱼卷，煎至熟透盛出，摆在芥菜上即可。

# 小白菜炒黄豆芽

热量
69 千卡

## 原料

小白菜 80 克

黄豆芽 60 克

葱花 5 克

## 调料

盐 少许

食用油 3 毫升

## 做法

1. 将小白菜洗净切段。
2. 将黄豆芽洗净，去掉豆皮等杂质。
3. 锅内加少许油烧热，加入葱花煸香。
4. 再放入黄豆芽、小白菜煸炒至将熟，加盐炒匀即可。

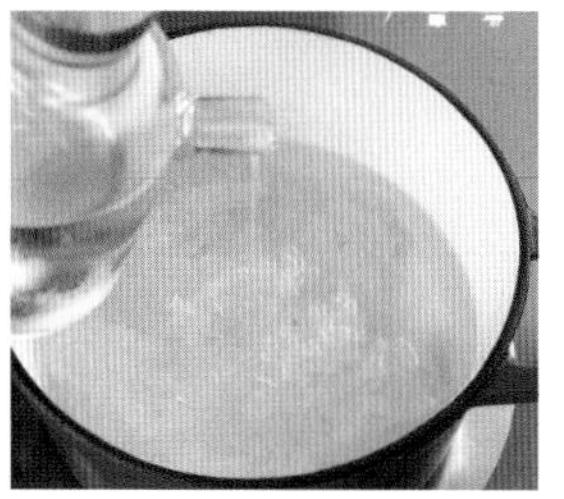

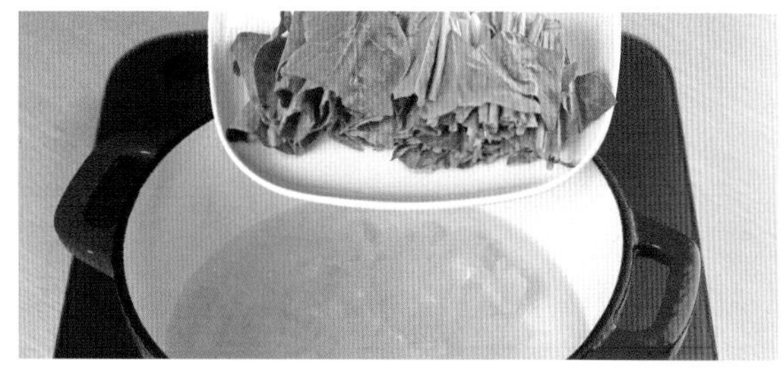

# 菠菜银耳汤

热量
64 千卡

**原料**

菠菜 45 克

水发银耳 50 克

**调料**

盐 0.6 克

食用油 3 毫升

**做法**

1. 将洗好的银耳切去黄色根部，切成小块。
2. 洗好的菠菜切成段。
3. 锅中注入适量清水烧开，放入切好的银耳，倒入食用油。
4. 用中火煮 5 分钟，至银耳熟软。
5. 再加入盐，放入切好的菠菜拌匀，煮至熟软即可盛出。

# 鹰嘴豆糙米饭 1 碗

热量
255 千卡

鹰嘴豆 30 克，糙米 60 克

# Day 8
# 晚餐

扫一扫，看视频

这道晚餐，只介绍一款主食拌面，且走的是“小清新风”，拌面并非需要加过多的油、盐、辣椒，而是清新爽口即可，另外再搭配 100 ~ 150 克的蔬菜及少许豆制品，即可成为一顿低卡营养的晚餐。

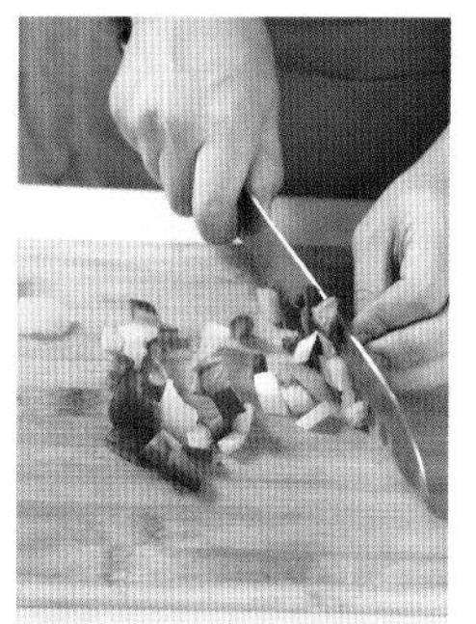

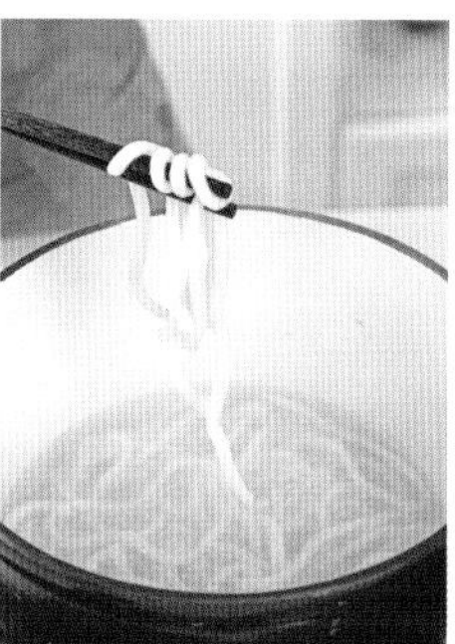

## 西蓝花拌乌冬面

热量
162 千卡

### 原料

乌冬面 80 克
西蓝花 50 克
红彩椒 15 克
黄彩椒 15 克

### 调料

盐 1 克
鸡精 适量
食用油 2 毫升

### 做法

1. 西蓝花洗净，切成小朵；红彩椒、黄彩椒洗净后切丁，备用。
2. 将西蓝花和彩椒丁放入沸水锅中焯水至熟，捞出沥干，装碗备用。
3. 锅中注入适量清水烧开，注入食用油，倒入乌冬面煮熟。
4. 将煮好的面捞出，装入碗中。
5. 倒入煮好的西蓝花、彩椒丁，加盐、鸡精拌匀即可。

# Day 9
## 早餐

我喜欢吃煎饺，但是在做的时候总是不确定煎饺是否熟了，每一次都要戳开饺子看一下才放心。一天早晨为了省时间，我在饺子底部煎得微黄时，打了一个鸡蛋进入锅中，发现鸡蛋熟了的同时，煎饺也恰到好处。从此爱上了这道鸡蛋煎饺。

### 鸡蛋煎饺

热量
376 千卡

**原料**

饺子 6 个
鸡蛋 1 个
芝麻 2 克
葱花 少许

**调料**

食用油 3 毫升
盐 少许

**做法**

1. 将速冻饺子解冻。
2. 将鸡蛋打入碗中，加盐打成蛋液，待用。
3. 平底锅里刷适量食用油，放入解冻后的速冻饺子煎至其底部微黄。
4. 沿着锅边淋入鸡蛋液，盖上锅盖。
5. 煎至蛋液凝固，撒上芝麻和葱花即可。

### 紫菜虾皮汤

热量
50 千卡

**原料**

紫菜、虾皮各适量

**调料**

盐 1 克
芝麻油 1 毫升

**做法**

1. 将虾皮、紫菜分别洗净后，泡入冷水中，待用。
2. 锅里注入适量清水烧开，放入虾皮和紫菜煮软。
3. 调入盐、芝麻油即可出锅。

### 橙子 1 个

热量
71 千卡

# Day 9
# 午餐

带鱼是一种刺少、肉质紧实鲜美的海鱼，很适合一个人料理食用。烹饪带鱼时记住不要去鳞，其实带鱼表面的银色不是鱼鳞，而是一种无腥味的脂肪，含有不饱和脂肪酸、卵磷脂和6-硫代鸟嘌呤，具有降胆固醇、抗癌的作用。

## 芝麻带鱼

热量
167千卡

### 原料

带鱼80克

熟芝麻10克

姜片、葱花各适量

### 调料

盐3克

食用油6毫升

生粉 适量

### 做法

1. 将带鱼清洗干净，剪去鱼鳍，鱼肉切成小块。
2. 带鱼块装入碗中，放入姜片、盐，拌匀。
3. 将带鱼的两面均匀地裹上生粉。
4. 用食用油起锅，放入带鱼块，煎至呈金黄色。
5. 盛出带鱼，撒上葱花、熟芝麻即可。

# 胡萝卜炒木耳

热量
77 千卡

## 原料

胡萝卜 80 克

水发木耳 70 克

葱段、蒜末各少许

## 调料

盐、食用油

各适量

## 做法

1. 水发木耳洗净，切块；胡萝卜洗净，去皮，切片。

2. 锅中注水烧开，加入适量盐，放入木耳，略煮片刻。

3. 再放入切好的胡萝卜片拌匀，煮约半分钟至其断生，捞出待用。

4. 用油起锅，放入蒜末，爆香，倒入焯好的木耳、胡萝卜片，翻炒至食材八成熟，加入盐、葱段，翻炒至食材熟透即成。

# 马蹄花菜汤

热量
59 千卡

### 原料

马蹄 50 克

花菜 80 克

鲜香菇 3 朵

彩椒 20 克

葱花 少许

### 调料

盐 1 克

### 做法

1. 洗净的马蹄去皮，切片；洗好的花菜切成小块。
2. 洗净的香菇切成片；洗好的彩椒切开、去籽，切成小块。
3. 锅中注入适量清水烧开，倒入切好的食材，加入盐，搅拌均匀。
4. 盖上盖，用中火煮至食材熟透。
5. 关火后盛出煮好的汤料，装入碗中，撒上葱花即可。

# 绿豆薏米饭 1 碗

热量
210 千卡

水发绿豆 30 克，水发薏米 20 克，水发糙米 50 克

# Day 9
# 晚餐

扫一扫，看视频

晚上下班回来下一碗面，再来一份约 200 克的蒜蓉青菜，勤快的人可在拉面中加几片鱼片一起煮，或切两块豆干、腐竹，增加一些蛋白质也非常棒。这样一顿晚餐是不是超级省时省力呢？

## 骨汤拉面

热量
252 千卡

### 原料

拉面 80 克
干笋 30 克
玉米粒 30 克
葱白丝 3 克
咸鸭蛋 半个
猪骨汤 400 克

### 调料

盐 1 克

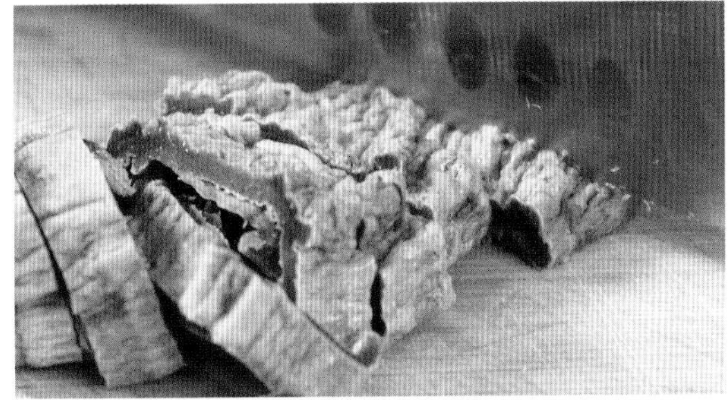

### 做法

1. 干笋泡发、洗净，切段。
2. 锅中注入猪骨汤，煮开后放入拉面，稍煮片刻。
3. 再加入笋段、玉米粒，煮熟后加盐。
4. 用漏勺捞出面条，盛入碗中，盛出汤淋在面条上。
5. 放入葱白丝、咸鸭蛋即可。

# Day 10
# 早餐

小时候不爱吃饺子，但妈妈给做成太阳花形状就爱吃，现在想来，如此之傻，但孩子不就是这样很傻很天真吗？真实的可爱！希望我这个小分享能让你找到小时候的傻气，也能让妈妈对孩子的饮食有一些耐心和创意。

## 太阳花饺子

热量
283 千卡

### 原料

饺子皮 6 片
肉馅 50 克
草莓 3 颗

### 做法

1. 用两张饺子皮包一个太阳花形饺子，即一张饺子皮上放肉馅，盖上另一张饺子皮，将四周封口后，用手指在周围捏一圈花边即可。
2. 锅内煮水，水开后煮饺子，至饺子漂浮于表面并鼓胀起来，即为熟透。
3. 捞出饺子摆盘，再放入洗净切好的草莓。

## 麻酱油麦菜

热量
36 千卡

### 原料

油麦菜 30 克

### 调料

咸芝麻酱 5 克

### 做法

1. 将油麦菜洗净，切成 5 厘米小段。
2. 咸芝麻酱加少许热水调匀，淋在油麦菜上。

## 菠菜豆腐汤

热量
63 千卡

### 原料

菠菜 20 克
豆腐 50 克
青豆 10 克

### 调料

味噌 2 克

### 做法

1. 将菠菜洗净，切成段状；豆腐洗净，切块。
2. 锅内加适量水烧开，放入菠菜、豆腐、青豆煮汤，再放入味噌调味。

# Day 10
# 午餐

豆渣虽然是堆渣，但渣得有营养，其含有丰富的膳食纤维，是肠道菌群非常好的养料，科研数据显示豆渣有利于预防肠癌，所以不吃豆渣，肠子都悔青了。豆渣用途广泛，比如今天的豆渣丸子。

## 豆渣丸子

热量
229 千卡

### 原料

豆渣 50 克

肉末 50 克

菠菜 35 克

鸡蛋 1 个

面粉 适量

### 调料

盐 适量

芝麻油 3 毫升

### 做法

1. 锅中注水烧开，放入洗好的菠菜，煮至熟软，捞出放凉，切碎备用。
2. 取一个大碗，放入备好的肉末，加入盐、豆渣、菠菜，打入鸡蛋，放入面粉、少许芝麻油，拌匀。
3. 将肉馅制成数个丸子，放入蒸盘，将蒸盘放入烧开的蒸锅中，用中火蒸约 10 分钟至熟即可。

# 香菇炖竹荪

热量
85 千卡

### 原料

鲜香菇 50 克

菜心 100 克

水发竹荪 40 克

高汤 200 毫升

### 调料

盐、食用油各适量

### 做法

1. 泡发好的竹荪切段；洗净的香菇切块。
2. 锅中注水烧开，放盐、食用油，将菜心、香菇、竹荪煮至熟透，捞出沥干。
3. 将高汤倒入锅中煮沸，放入盐，倒入装有香菇和竹荪的碗中，再放入烧开的蒸锅中，蒸 30 分钟取出，放入菜心装饰即可。

## 玉米须芦笋鸭汤

热量
131 千卡

### 原料

鸭腿 50 克

玉米须 10 克

芦笋 50 克

姜片 少许

### 调料

盐 适量

### 做法

1. 将洗净的芦笋切成段；鸭腿斩成小块，备用。
2. 锅中注水烧开，倒入鸭腿块，汆去血水，捞出备用。
3. 砂锅注水烧开，放入姜片，倒入鸭腿块、玉米须，搅拌均匀。
4. 烧开后小火炖 40 分钟至熟，再倒入芦笋，加入适量盐，稍煮片刻即可。

## 燕麦饭 1 碗

热量
188 千卡

大米 30 克，燕麦 20 克

mentally
Would
to take sports
and badminton ,

# Day 10
# 晚餐

菠萝炒饭是很多女生喜欢的主食，在轻卡饮食中，菠萝炒饭可减少白米饭的用量，加入玉米、青豆、菠萝粒等，增加其饱腹感，搭配虾仁增加优质蛋白，此晚餐只需要再搭配一份时蔬杂炒即可。

## 菠萝炒饭

热量
223 千卡

### 原料

菠萝 半个

米饭 100 克

青豆 20 克

虾 40 克

### 调料

盐 1 克

食用油 适量

### 做法

1. 菠萝洗净，切开后挖出果肉。
2. 青豆洗净；虾洗净，剥壳，取出虾仁。
3. 锅中注水烧开，放入虾仁汆熟，捞出备用。
4. 锅中注油烧热，放入青豆稍炒，再倒入白米饭和菠萝果肉，翻炒至熟。
5. 加盐调味，起锅盛入菠萝中，撒上虾仁即可。

# Day 11
# 早餐

烤箱早餐是我不想开火时的不二之选，吐司与鸡蛋随意搭配一下，放进烤箱一烤，趁着这个时间洗漱一下，回来一份营养的早餐便新鲜出炉。这一份早餐是我经常的搭配，相信我，肉桂与香蕉实在是完美搭档。

## 香蕉肉桂吐司

热量
248 千卡

### 原料

香蕉 1 根

全麦吐司 1 片

黄瓜半根

黄油 3 克

草莓 1 颗

### 调料

肉桂粉 2 克

### 做法

1. 将黄瓜洗净，滤干水分切片，摆盘。
2. 香蕉去皮，切片，待用。
3. 全麦吐司放入盘中，往上面均匀地抹上黄油。
4. 再将香蕉片依次摆在吐司上，撒上肉桂粉。
5. 将草莓对半切开，摆入盘中即可。

## 酸奶 200 毫升

热量
144 千卡

## 烤鸡蛋

热量
76 千卡

### 原料

鸡蛋 1 个

### 调料

盐、黑胡椒各少许

食用油 适量

### 做法

1. 往锡纸上刷一层油，将四边折起，呈盒子状，打入 1 个鸡蛋。
2. 将鸡蛋放入烤箱，以 200℃烤 5 ~ 10 分钟即可。
3. 取出后往鸡蛋上撒一点盐、黑胡椒调味。

# Day 11
# 午餐

此餐是一道减脂的暖身贴心的素咖喱营养餐！不管是减脂还是日常饮食，这道菜能够给寒冷的身心带来温暖，带来一丝丝心满意足的惬意。而且此餐加入了一杯清热的雪梨马蹄汁，作为调和辛辣之作，完美！

## 什锦咖喱

热量
325 千卡

### 原料

豆干 100 克

土豆 60 克

胡萝卜 80 克

洋葱 30 克

### 调料

咖喱 10 克

橄榄油 5 毫升

### 做法

1. 将所有食材洗净，豆干、土豆、胡萝卜、洋葱全部切成丁。
2. 锅内烧热，倒入油，放入洋葱丁爆香。
3. 倒入土豆及胡萝卜丁，略微翻炒两下，往锅内倒入一杯水，煮开。
4. 放入咖喱块，不停搅拌至融化。
5. 煮至汤汁黏稠即可出锅。

## 雪梨马蹄汁

热量
54 千卡

### 原料

雪梨 60 克

马蹄 40 克

纯净水 适量

### 做法

1. 雪梨洗净切块；马蹄洗净去皮。
2. 将食材放入料理机中，加入适量纯净水，榨取果汁即可。

## 燕麦饭

### 原料

大米 30 克

燕麦 20 克

### 做法

将大米、燕麦淘洗干净，放入电饭锅内煮熟。

# Day 11
# 晚餐

今天的三餐是蛋奶素食的搭配，素食是现在蛮热的话题，素食给很多人带来健康，但仍有不少弊端，故需要合理地搭配，如合理食用豆制品，其与谷类主食的氨基酸具有互补作用。这道菜完美体现这一点。

## 烤小米酿西葫芦

热量
340 千卡

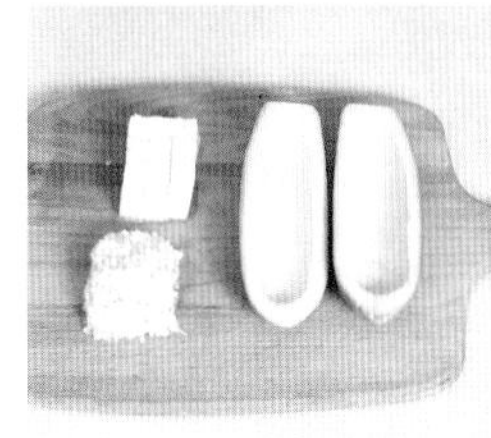
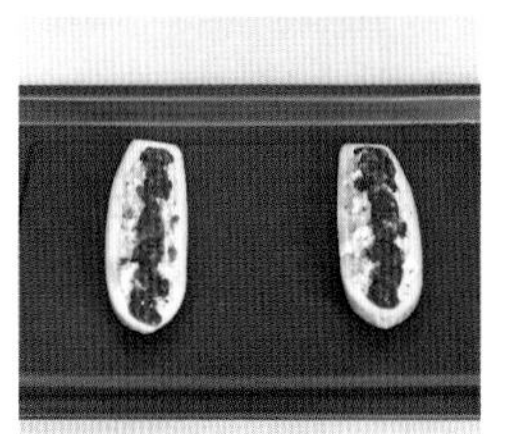

### 原料

小米 25 克
蔬菜高汤 90 毫升
松子 20 克
葡萄干 25 克
西葫芦 1 个
豆腐 50 克
香菜叶 适量

### 调料

盐 2 克
胡椒粉 2 克
黄豆酱 10 克
甜椒酱 25 克
孜然粉 适量

### 做法

1. 小米放入锅中，加入香菜叶、孜然粉，倒入蔬菜高汤，煮开后转小火，再煮 15 分钟后捞出小米，沥干水分。
2. 小米倒入平底锅中，以低温炒至金黄色。
3. 豆腐切成小块；西葫芦对半切开，挖出西葫芦肉切碎备用。
4. 把西葫芦肉、豆腐块、小米、松子、葡萄干混合搅拌，加入盐和胡椒粉调味混合成馅。
5. 把去瓤的西葫芦置于烤盘上，填入混合馅。
6. 把黄豆酱、甜椒酱混合，淋在西葫芦上。
7. 放入预热至 180℃的烤箱烤 10 分钟即可。

# Day 12
# 早餐

汤圆其实属于高热量的食物，因其馅料中需要添加过多的油才能形成流沙状。实在想吃呢，建议少量食用，并搭配蔬菜水果一起。早餐我偶尔会选择迷你小汤圆，相比大汤圆，馅料会少很多，热量自然低一些。

## 酱淋秋葵

热量
57 千卡

### 原料

秋葵 3 根

即食海带丝 1 小包

### 调料

盐 少许

酱油 少许

### 做法

1. 将秋葵洗净。
2. 锅内烧水，加少许盐，放入秋葵煮熟。
3. 将煮熟的秋葵取出后切去顶端、对半切开，淋上少许酱油即可。
4. 将即食海带丝装入盘中。

## 汤圆紫薯仔

热量
180 千卡

### 原料

小汤圆 10 个

醪糟 20 克

紫薯 20 克

### 做法：

1. 将紫薯洗净，去皮，切小粒。
2. 锅内加入 1 碗水烧开，加入紫薯粒、汤圆煮熟；加入醪糟，焖半分钟即可出锅。

## 芒果奶昔

热量
160 千卡

### 原料

芒果 1 个

牛奶 1 杯

### 做法

1. 将芒果洗净、去皮，取出果肉。
2. 将芒果肉与牛奶放入榨汁机中，打成芒果奶昔。

# Day 12
## 午餐

我喜欢低卡饮食的原因之一在于其烹调方式简单，能还原食材本真的味道，如这顿午餐，虾仁炖蛋、燕麦饭采用蒸的方式留住最完全的营养和本真的味道，蒜蓉芥菜用的是清炒，汤是采用煮的方式，保留了食材的清甜。

## 虾仁炖蛋

热量
182 千卡

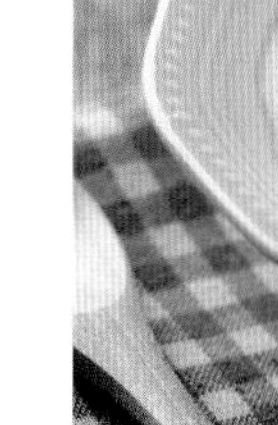

### 原料

鸡蛋 2 个

虾仁 50 克

玉米粒 少许

### 调料

盐 适量

### 做法

1. 鸡蛋打在碗里，加少许盐和冷开水，打散。
2. 将虾仁、玉米粒放在蛋液上面，然后盖上保鲜膜放入锅中，大火蒸 10 分钟即可。

# 蒜蓉芥菜

热量
59 千卡

## 原料

芥菜 120 克

蒜蓉 适量

## 调料

盐 1 克

食用油 3 毫升

## 做法

1. 芥菜择洗干净，备用。
2. 锅里放少量油，放入蒜蓉爆香。
3. 放入芥菜翻炒，至七成熟时加入盐。
4. 翻炒均匀，即可出锅。

## 金针菇冬瓜汤

热量
67 千卡

### 原料

金针菇 60 克

冬瓜 80 克

姜片、葱花各少许

### 调料

食用油 4 毫升

盐 少量

### 做法

1. 冬瓜去皮，洗净，切小块；金针菇洗净，备用。

2. 锅中注水烧开，淋入食用油，加少许盐，拌匀调味。

3. 再放入冬瓜块、姜片，搅匀。

3. 盖上盖，煮约 2 分钟至七成熟，揭盖放入金针菇。

4. 盖上盖，煮约 7 分钟至熟。

5. 揭盖，加少许盐，拌煮片刻至食材入味。

6. 关火后盛出煮好的汤，撒上葱花即可。

## 燕麦饭 1 碗

热量
188 千卡

大米 30 克，燕麦 20 克

# Day 12
## 晚餐

扫一扫，看视频

炒饭简直就是让剩米饭涅槃重生，但传统蛋炒饭等总需要过多的油，导致其热量超标，这道柠香炒饭用了一部分柠檬汁取代油，既低卡又解腻。再配合一份蔬菜和 50 克禽畜肉类，则组成一餐低卡晚餐。

### 柠香炒饭

热量
232 千卡

**原料**

白米饭 100 克
豌豆 30 克
甜玉米 30 克
红葱头 1 个
柠檬皮 5 克

**调料**

橄榄油 5 毫升
盐 1 克
胡椒碎 适量
柠檬汁 5 毫升

**做法**

1. 豌豆、甜玉米清洗干净；红葱头洗净，切成末。
2. 柠檬皮洗净后切成碎，备用。
3. 锅中倒入橄榄油，放入红葱头末，翻炒片刻。
4. 再放入豌豆、甜玉米，翻炒 1 分钟至熟。
5. 倒入白米饭一起翻炒，再放入柠檬皮碎。
6. 翻炒片刻后加入盐、胡椒碎，倒入柠檬汁，略微翻炒几下。
7. 将米饭盛出装盘即可。

# Day 13
# 早餐

非菜盒子好吃，但遗憾的是常规做法热量爆表，主要是用油过多，炒鸡蛋、调馅、煎三个过程都需要油。但我将调馅那一步换成与鸡蛋碎同时翻炒两下，只用一遍油，同时最后一步煎时采用刷油的方式，更加减少用油量。

## 韭菜盒子

热量 264 千卡

### 原料

鸡蛋、面粉、韭菜各 50 克

### 调料

酵母 1 克
玉米油 5 毫升
盐 少许

### 做法

1. 提前将面粉加水、酵母和成面团，放置一晚上。
2. 将鸡蛋打入碗中，打散；平底锅中放入少许玉米油，倒入鸡蛋液炒熟，调入少许盐，再用锅铲将炒好的鸡蛋压碎即可。
3. 韭菜洗净后切段，再切碎，倒入炒鸡蛋的锅中小火翻炒几下，与鸡蛋碎完全融合后加少许盐拌匀，制成韭菜馅待用。
4. 将面团分成小剂子，擀成圆片，放入韭菜馅，将馅包好，捏成荷叶边。
5. 平底锅内刷少许油，将韭菜盒子煎至两面微黄即可。

## 西瓜 100 克

## 虾仁生菜粥

热量 100 千卡

### 原料

大米 25 克
虾仁 20 克
生菜 2 片

### 调料

胡椒粉 1 克
盐 适量

### 做法

1. 将虾仁洗净后，放入少量盐和胡椒粉腌渍片刻；生菜洗净，切成小块，待用。
2. 大米洗净后放入锅中，加适量水，将其熬煮成粥。
3. 把生菜和虾仁一起放入煮熟的粥里，调入少许盐即可出锅。

## 葱油金针菇

热量 46 千卡

金针菇 60 克，葱花 2 克，生抽、食用油各 3 毫升

# Day 13
# 午餐

肉类、豆制品、根茎类、瓜类、叶类、菌菇类，6 种类别，红米和粳米两种米，这一餐饭，轻轻松松达到 10 种主要食材，清炖、焯水后快炒、滚水汤、煮米饭四种烹调方式，整个烹饪过程半小时足够，低卡饮食就是这么简便又营养。

## 肉末炖豆腐

热量
181 千卡

### 原料

猪肉末 30 克
豆腐块 100 克
胡萝卜丁 10 克
青豆 10 克
姜丝适量
高汤 1 碗

### 调料

酱油 4 毫升
食用油 4 毫升
盐、生粉各适量

### 做法

1. 用油起锅，放入姜丝、猪肉末爆炒，然后倒入酱油、高汤。
2. 把豆腐块放入锅中，5 分钟后放入胡萝卜丁和青豆。
3. 煮 5 分钟后再放入盐和生粉勾芡，起锅即可。

# 娃娃菜炒口蘑

热量
58 千卡

## 原料

口蘑 50 克

娃娃菜 150 克

## 调料

食用油 3 毫升

盐 1 克

## 做法

1. 口蘑清洗干净，去蒂切片，在沸水锅中焯煮 1 分钟至熟，捞出备用。
2. 娃娃菜切成 4 瓣，放入碗中，用开水烫一下，捞出后控干水分。
3. 锅里下油，放入口蘑、娃娃菜，翻炒，加盐调味即可。

## 韭菜苦瓜汤

热量
55 千卡

**原料**

苦瓜 60 克

韭菜 50 克

**调料**

盐适量

食用油 3 毫升

**做法**

1. 择洗干净的韭菜切段。
2. 苦瓜对半切开，去瓤，切片。
3. 用油起锅，倒入苦瓜片，翻炒至变色。
4. 再倒入韭菜段，快速翻炒出香味。
5. 锅中注入适量清水，大火略煮一会儿，至食材变软，加盐调味。
6. 关火后将煮好的汤料装入碗中即可。

## 红米饭 1 碗

红米 30 克，大米 20 克

# Day 13
## 晚餐

此晚餐注意拌面的白酱尽量选择热量较低的产品，或自行用些许牛奶、淀粉、盐、黄油、香草熬制一份白酱，辅之一杯青瓜汁、几只白灼虾，则组成一份低卡精致的晚餐。低卡优食关键在于烹调方式及食材比例搭配。

热量
455 千卡

### 牛油果菠菜蝴蝶面

**原料**

熟蝴蝶面 120 克
菠菜叶 50 克
牛油果 1 个
圣女果 3 颗
蒜末 少许

**调料**

橄榄油 3 毫升
盐 2 克
基础白酱 10 克

**做法**

1. 去皮洗净的牛油果对半切开，去核，一半切小块；另一半切片，放入盘中装饰。
2. 洗净的菠菜叶切丝；圣女果对半切开。
3. 锅中注入橄榄油烧热，放入蒜末炒香。
4. 加入基础白酱、熟蝴蝶面煮至酱汁乳化。
5. 加入菠菜叶丝，撒入盐调味，略炒一会儿。
6. 关火，加入牛油果块拌匀，盛出蝴蝶面，放上圣女果装饰即可。

GOOD MO

# Day 14
# 早餐

饺子、馄饨类的早餐以方便快捷取胜，同时饺子、馄饨是很好的控制餐后血糖升高的食物，因此将蔬菜、肉类、主食放在一起。老祖宗的饮食智慧一直流传在中华儿女的血脉中，饺子、馄饨包万象、合家兴。

## 鲜肉小馄饨

热量
186 千卡

### 原料

肉末 30 克
小馄饨皮 12 张
紫菜、虾皮各少许
姜末、葱末各适量

### 调料

盐、五香粉各 2 克
料酒、芝麻油各 2 毫升
水淀粉 适量

### 做法

1. 将肉末装入碗中，加入盐、五香粉、料酒、姜末、葱末、水淀粉，朝一个方向搅拌上劲，制成肉馅；取小馄饨皮包上肉馅，捏紧，待用。
2. 取一干净的碗，放上洗净的紫菜、虾皮，撒入盐、芝麻油，待用。
3. 锅中放入适量清水，待其烧开后，放入包好的小馄饨，煮至其浮起。
4. 舀上少许热汤放入装有紫菜、虾皮的碗中将其拌匀，再放入煮熟的小馄饨即可。

## 菠萝 60 克

热量
26 千卡

## 金枪鱼蔬菜沙拉

热量
54 千卡

### 原料

红叶生菜 20 克
紫甘蓝 20 克
金枪鱼肉 20 克

### 调料

盐 0.5 克
白糖 4 克
苹果醋 3 毫升
芝麻油 适量

### 做法

1. 将红叶生菜和紫甘蓝分别洗净后掰小片，放入碗中，加入金枪鱼。
2. 取一干净的小碗，放入少许盐、白糖、芝麻油、苹果醋拌匀，淋入金枪鱼蔬菜碗中，搅拌均匀即可。

## 爱心吐司煎蛋

热量
177 千卡

吐司 1 片，鸡蛋 1 个，食用油 2 毫升，胡椒粉少许

# Day 14
## 午餐

一碗热气腾腾的汤饭中有菜有肉又有饭，用盐用油量也不大，既是汤又是饭，着实是一道暖人心的良心料理。搭配一份彩虹小炒菜，赏心悦目，低卡的同时享受美食、放松心情，这样一餐饭怎能不爱?

### 牛肉海带汤饭

热量
168 千卡

**原料**

剩米饭 80 克
水发海带 35 克
牛肉 35 克
葱花 少许
高汤 适量

**调料**

食用油 3 毫升
盐 1 克

**做法**

1. 洗好的海带切小块；洗净的牛肉剁成肉末。
2. 炒锅放食用油烧热，倒入牛肉末，快速翻炒至变色；再倒入海带块，翻炒均匀。
3. 加入剩米饭，分次加高汤，炒至米饭松散。
4. 加入盐调味，撒上葱花，翻炒出葱香味。
5. 将炒好的米饭盛入碗中即可。

### 彩蔬炒豆腐

热量
162 千卡

**原料**

北豆腐 80 克
芦笋 50 克
胡萝卜 30 克
荷兰豆 50 克

**调料**

盐 1 克
橄榄油 5 毫升

**做法**

1. 将北豆腐切成长、宽各 2 厘米，厚度 0.5 厘米的方片。
2. 芦笋洗净，切成 3 厘米的段；胡萝卜洗净切菱形片；荷兰豆洗净去筋，斜切两三段。
3. 锅内烧热倒入橄榄油，将豆腐两面略煎至表面金黄后盛出。
4. 锅内留油，倒入焯水后的芦笋、胡萝卜片、荷兰豆，翻炒至熟透。
5. 再加入豆腐继续翻炒，加入盐调味即可。

# Day 14
## 晚餐

扫一扫，看视频

柠檬与肉的搭配，带来的不只是小清新、解腻，同时可达到料酒去腥的效果，此外柠檬酸可让肉质更加软烂入味。此道菜可搭配 200 克的时蔬及大半碗粗细搭配的主食，如蒜香蒸茄子 100 克、白灼生菜 100 克、燕麦大米稠粥半碗。

### 柠檬鸡肉块

热量 165 千卡

**原料**

鸡胸肉 75 克

洋葱 50 克

柠檬 2 片

柠檬皮 适量

**调料**

盐 2 克

橄榄油 5 毫升

柠檬汁 10 毫升

**做法**

1. 鸡胸肉洗净，切成鸡肉块，装碗备用。
2. 洋葱洗净，切丝，装碗备用。
3. 柠檬皮洗净，切碎。
4. 鸡肉块中加入盐、柠檬汁、柠檬皮碎，腌渍 10 分钟。
5. 热锅注油，放入腌渍好的鸡肉，先将一面煎熟。
6. 用筷子将鸡肉翻面，煎至两面微黄即可盛出装盘。
7. 锅留油，倒入洋葱丝翻炒片刻，盛到煎好的鸡肉上。
8. 在盘边装饰上柠檬片，撒上柠檬皮碎即可。

# 红豆桂花水晶糕

热量
121 千卡

**原料**

红豆罐头 30 克

桂花干 5 克

热水、冰水各适量

**调料**

白砂糖 5 克

鱼胶粉 10 克

**做法**

1. 将红豆罐头分放在果冻杯中。
2. 白砂糖中加入热水拌匀，放入桂花，慢慢加入鱼胶粉，搅拌至完全溶解。
3. 再注入冰水拌匀，倒入放有红豆的果冻杯中。
4. 稍等片刻，待放凉，然后放入冰箱中冷藏至凝固即可。

# 日式烤饭团

## 原料

热米饭 200 克
肉松 15 克
金枪鱼罐头 1 盒
海苔 4 片
芝麻 5 克

## 调料

日式酱油 8 毫升
生抽 2 毫升

## 做法

1. 沥干金枪鱼肉的油水，捣碎放入碗中；将海苔剪成小片。
2. 将热米饭放入碗中，依次加入肉松、金枪鱼肉、海苔片、芝麻、日式酱油、金枪鱼汁拌匀。
3. 将米饭分成数等份，团成球，放入铺有锡纸的模具中。
4. 放入已预热的烤箱中层，以 160℃烤制 8 ~ 10 分钟即可取出。

# PART 3
# 第三周低卡餐

很多人认为自己做饭会很麻烦，需要花费很长的时间和精力，上班族平时的午餐来不及做，只能订外卖，外卖却实现不了低卡等诸多问题。有人认为低卡饮食就是“啃草”、白灼，好难吃！这些问题在我看来，第一是不懂得方法，那么，我教你！这周的低卡餐着重在低卡的午餐外带便当和好吃易做的减脂沙拉方面。第二是不愿意改变或者意识层面上对健康的需求还不够，低卡饮食与健康饮食一样，需要我们去付出时间、付出精力去做，没有行动哪儿来的收获，平时饮食不注意，健康从何谈起呢?

# 专栏 3：选择低卡食物，破解低卡优食的秘密

低卡优食，提倡的是"清新、均衡、适度、优质、自然、健康、零负担"的饮食方式和生活态度。食材选择上追求自然优质，烹调方法上选择蒸、煮、炖、拌、清炒等，营养搭配上坚持均衡健康，三者结合，这样做出来的餐食进入身体才是零负担的。

那么该如何选择低卡食物呢？主要从以下几个方面入手。

## 选择新鲜的纯天然食物

一般情况下，相同食材中，新鲜、天然食物的热量比加工食物要低得多。因为加工食物一般加入油、盐、糖等添加物，或者去掉了天然食材中低卡的部分。比如新鲜水果的热量低于滤渣的纯果汁，新鲜猪牛羊肉的热量低于腊肠、火腿肠、培根、肉罐头等。

## 选择高纤维低热量的蔬果

食物纤维高可增加人的饱足感，从而可以有效地控制食欲，如：黄瓜、冬瓜、芦笋、莴苣、白萝卜、胡萝卜、西葫芦及各种绿叶蔬菜；苹果、梨、草莓、番石榴、菠萝、猕猴桃、李子、木瓜、蓝莓、柚子等低糖水果。另外还有菌菇类，也是这一类食物中的代表，100 克蘑菇的热量只有 55 千卡，脂肪含量接近于零，而且纤维素充足，易有饱足感。

## 选择低脂肪的蛋白质食材

蛋白质是每日营养必备的物质，没有蛋白质就没有生命。优质蛋白质的来源有鱼、虾、蛋、奶、畜禽肉类和豆制品。蛋白质在低卡饮食中首先种类应均衡，鱼、虾、蛋、奶、肉、豆制品尽量吃全。再此基础上注意：禽畜肉尽量选择去皮肉及脂肪含量少的纯瘦肉，五花肉、肥牛这一类则需要尽量减少。肉类所含热量按种类排名大致是：猪肉 > 羊肉 > 牛肉 > 鸭肉 > 鱼肉 > 鸡肉，所以大家可以多选择鱼虾鸡肉。豆制品方面，纯豆腐、豆浆比炸腐竹、炸豆干热量低得多。

## 主食类注意粗细搭配，多增加薯类食物

这里有人会有一个疑问，粗粮、糙米、燕麦这些粗粮的热量甚至比白米饭高，为什么还算低卡食材？这是因为这些粗粮高纤维，还含有丰富的维生素 B 族和矿物质，摄入同等量的粗粮米饭比白米饭更易饱腹和耐饿，则不容易吃得更多，故而算在低卡食物。另外根茎类主食，如芋头、番薯、南瓜、土豆、莲藕等，这些食材热量很低，每日食用 50 ~ 100 克也可以减少白米饭摄入，从而降低总体热量。

除了选择本身就低卡的食材之外，保证每日营养，做好食物搭配也至关重要。很多人选择低卡饮食有个误区就是热量越低越好，其实是万万不可的，进行低卡饮食需要将食物进行合理搭配，在保证营养摄入充足的前提下，控制总卡路里的摄入。

低卡饮食的搭配很简单，看看中国居民膳食宝塔就知道了。在此基础上，低卡饮食只需要减少谷薯类、油、糖，对坚果和水果限量即可，肉类都不需要减量。比如说，女性正常吃 250 克粮食，低卡饮食可以减到 150 克，或者 100 克粮食加上半斤薯类；肉类一般是平时容易吃多或吃太少，现在每天保持一二两瘦肉、二两鱼虾肉、一杯奶一个蛋、半块豆腐或一杯豆浆即可；蔬菜量完全不需要减少，甚至可以适量增加；水果类每日半斤就够，注意不要超量。只要能做到以上几点，就可以在维持营养、不影响健康的基础上长期坚持，身体就会一天比一天轻松，精神状态也会很好。

# Day 15
## 早餐

百香果，是我心头好的水果，其夹杂着石榴、柠檬、芒果等水果的香气，吃起来又酸酸甜甜。关键是营养丰富，富含人体所需的多种氨基酸、维生素和类胡萝卜素、膳食纤维等，帮助清肠、美容、提升免疫力。

### 煎三文鱼

热量
110 千卡

**原料**

三文鱼 50 克

秋葵 30 克

**调料**

盐 2 克

食用油 3 毫升

**做法**

1. 三文鱼洗净后，抹上盐腌渍片刻；秋葵洗净切段，待用。
2. 平底锅放入少许食用油，放入三文鱼、秋葵煎制。三文鱼两面煎至微黄时，撒盐调味即可出锅。

### 面包 50 克

热量
143 千卡

### 芒果 1 个

热量
52 千卡

### 百香果枸杞蜂蜜饮

热量
49 千卡

**原料**

百香果 1 个

枸杞 5 克

**调料**

蜂蜜 2 毫升

**做法**

1. 将枸杞洗净后用开水泡一会儿，待用。
2. 百香果洗净后对半切开，取出果肉和籽，装入杯中。
3. 往杯中加入蜂蜜和温热的枸杞水，混合搅拌即可。

# Day 15
## 午餐

这餐饭比较适合作为工作日便当，因肉类不串味、无刺无骨、完整性强，白菜、冬瓜、胡萝卜这一类蔬菜不易变色、营养流失较少，再搭配粗粮饭，可谓是一餐让同事羡慕的自带便当。

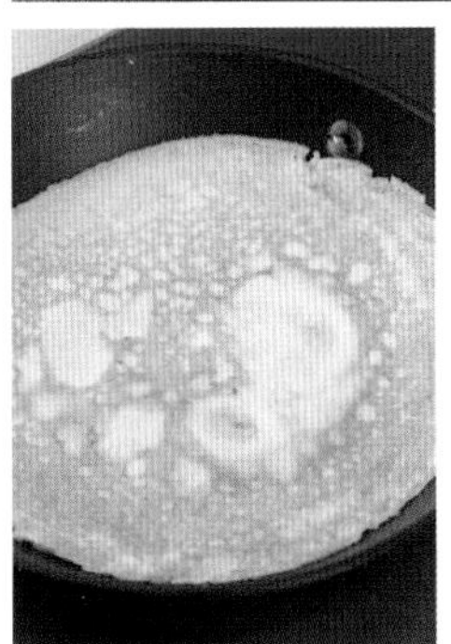

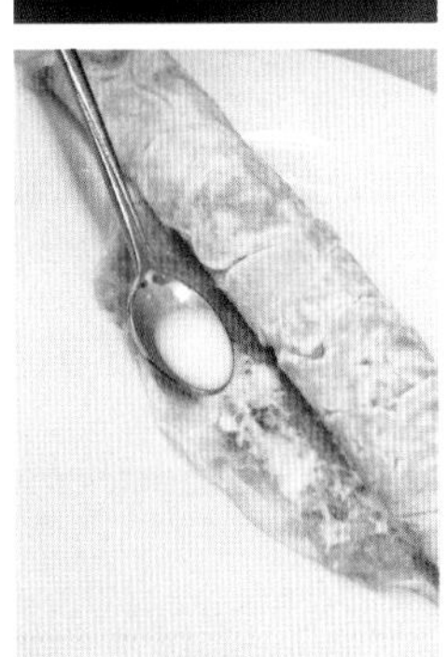

### 鸡蛋肉卷

热量 229 千卡

**原料**

猪肉末 300 克
鸡蛋 1 个
胡萝卜条 30 克

**调料**

水淀粉、生粉、盐各适量
食用油 5 毫升

**做法**

1. 将猪肉末加盐、水淀粉，腌渍 10 分钟。
2. 鸡蛋打散，搅拌成蛋液。
3. 平底锅中加适量油，倒入蛋液煎成蛋饼。
4. 沸水锅中放入胡萝卜条，煮至断生后捞出。
5. 把蛋饼放在砧板上，撒上少许生粉，放入猪肉末、胡萝卜条，卷成卷，用水淀粉封口，制成鸡蛋肉卷生坯。
6. 将蛋卷生坯装盘，放入蒸锅中，蒸 10 分钟至熟。
7. 取出蒸盘，放凉后切小段，摆在盘中即可。

# 醋熘白菜片

热量
71 千卡

## 原料

白菜 200 克

## 调料

盐 1 克

白糖 2 克

白醋 4 毫升

食用油 3 毫升

## 做法

1. 将洗净的白菜切开，去除菜心，改切成小段，备用。
2. 用油起锅，倒入白菜梗，炒匀后注入少许清水，倒入白菜叶。
3. 加入盐、白糖、白醋，炒匀。
4. 关火后盛出炒好的食材即可。

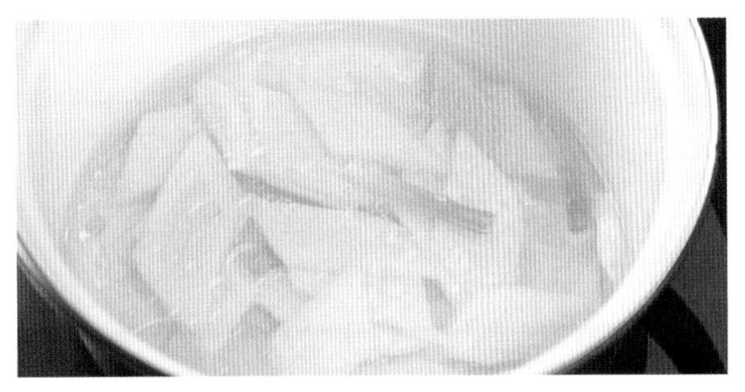

## 山药冬瓜汤

热量
73 千卡

### 原料

山药 60 克

冬瓜 100 克

姜片、葱段各少许

### 调料

盐 0.6 克

食用油 3 毫升

### 做法

1. 将洗净去皮的山药、冬瓜切成片。
2. 用油起锅，放姜片爆香；倒入冬瓜片，炒匀。
3. 注入适量清水，放入山药片，烧开后用小火煮 15 分钟至食材熟透。
4. 放入盐，拌匀调味，最后放入葱段即可。

## 红米饭 1 碗

热量
192 千卡

红米 30 克，大米 20 克

# Day 15
## 晚餐

沙拉处于低卡界的领军地位，引领大家纷纷开始吃草，但值得注意的是，沙拉虽好，一酱毁所有，低卡沙拉最好选择油醋汁，而不是蛋黄酱、千岛酱等。此道沙拉晚餐，再搭配 100 克的蔬菜、一个紫薯即可。

## 菠菜香菇培根沙拉

热量
276 千卡

### 原料

菠菜 50 克
香菇 2 朵
核桃 10 克
圣女果 30 克
紫甘蓝 30 克
培根 60 克
熟鹌鹑蛋 4 个

### 调料

橄榄油 5 毫升
盐 1 克

### 做法

1. 菠菜择洗干净，切段；紫甘蓝洗净切丝；培根切片。
2. 圣女果、鹌鹑蛋对半切开。
3. 香菇洗净切片；核桃掰成小块。
4. 平底锅注油烧热，放入培根，煎至微焦，盛出备用。
5. 将香菇和菠菜分别焯水，捞出，过凉。
6. 将所有食材放入碗中，加入盐，拌匀调味即可。

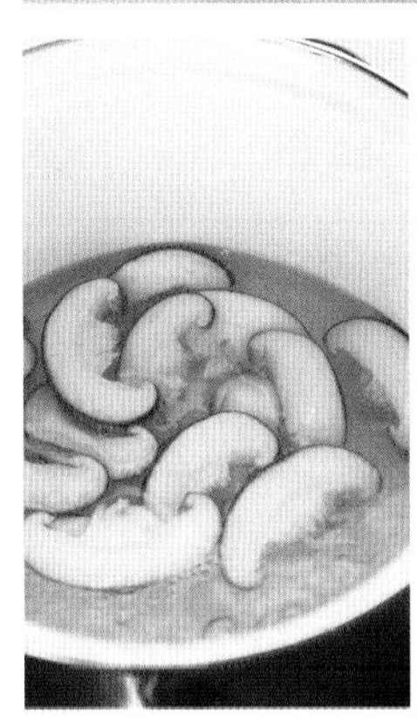

# Day 16
## 早餐

这又是一道无需开火的烤箱早餐，此次将吐司做成了容器，装入了鸡蛋与菠菜，形成了吐司鸡蛋杯，好看的同时也降低了单纯吃白切片造成的血糖升高。并且为了缓解烤箱的燥气，搭配了黄瓜汁，不失为一顿优质的早餐。

### 吐司杯

热量
353 千卡

**原料**

菠菜 3 根
吐司 2 片
培根 2 片
鸡蛋 1 个
马苏里拉芝士 少许

**调料**

盐 少许

**做法**

1. 锅内烧水，放入少许盐，将洗净的菠菜焯水，沥干水分，切丁。
2. 将吐司去边，放入马克杯中，中间按压下去，制成吐司杯。
3. 培根切丁，放入吐司杯中，再放入菠菜丁，按压实，再将鸡蛋打入上方，继续撒少许马苏里拉芝士。
4. 烤箱预热至 180℃，中层上下火，将吐司杯放入烤箱，烤 25 分钟，将吐司杯拿出，脱模即可。

### 黄瓜汁

热量
9 千卡

**原料**

黄瓜 60 克
纯净水 100 毫升

**做法**

1. 黄瓜洗净，切成片状。
2. 将黄瓜和纯净水倒入榨汁机中，榨取果汁即可。

### 水果坚果

热量
106 千卡

葡萄、核桃仁、开心果各少许

# Day 16
## 午餐

此餐采用了一点点低碳饮食的元素，增加了优质蛋白的量，去掉了主食，但辅之以水果代替，并不是完全的低碳饮食。这种类型的搭配适合在有效的运动前后食用，可以辅助减脂增肌。

### 鸡胸肉西芹沙拉

热量 197 千卡

**原料**

鸡胸肉 120 克
黄瓜 50 克
西芹 60 克
红辣椒 1 个
蒜片 5 克

**调料**

盐 2 克
白醋 5 毫升
胡椒粉 2 克
橄榄油 2 毫升

**做法**

1. 将黄瓜切成斜片；西芹择洗干净，切斜片；红辣椒切成圈。
2. 锅中注水，放入 1 克盐、胡椒粉和蒜片，水煮沸后放入鸡胸肉煮 15 分钟。
3. 捞出鸡胸肉，放凉后沥干，顺着纹路撕成条。
4. 将所有食材盛入盘中，淋上白醋、1 克盐、橄榄油，拌匀即可。

### 牛油果酸奶

热量 194 千卡

**原料**

牛油果 半个
香蕉 半根
原味酸奶 100 毫升

**做法**

1. 牛油果对半切开，去掉果核，并在牛油果肉上划格子，再用勺子取出果肉。
2. 香蕉剥皮，切成小块。
3. 将牛油果肉、香蕉块装进榨汁机中，加入酸奶。盖上榨汁机盖，选择“榨汁”功能，榨汁即可。

# Day 16
## 晚餐

扫一扫，看视频

这款晚餐可做成类似今日午餐的形式，将沙拉中的莲藕作为晚餐的碳水化合物来源，搭配 200 克绿叶类蔬菜及 80 克左右豆制品即可。或用 200 克蔬菜炒 50 克瘦肉，再加一小杯燕麦豆浆即成一餐完整的低卡餐。

热量
193 千卡

## 鲜虾莲藕沙拉

**原料**

莲藕 100 克

鲜虾仁 8 个

洋葱 50 克

**调料**

盐 2 克

白醋 10 毫升

橄榄油 3 毫升

**做法**

1. 莲藕洗净、削皮，切片；洋葱洗净后切丝。
2. 锅中注水，倒入 5 毫升白醋，煮沸后放入莲藕片焯 1 分钟，捞出过凉备用。
3. 锅中注水，倒入盐，煮沸后放入虾仁焯 1 分钟。
4. 将焯好的虾仁捞出，用清水冲洗后沥干，装入碗中。
5. 再将虾仁剖成两半。
6. 将莲藕、虾仁、洋葱盛入盘中，淋上醋和橄榄油。
7. 搅拌均匀即可食用。

# Day 17
# 早餐

这是一道钢琴主题早餐，薯类山药加巧克力做键盘、圣女果做成郁金香，其实早餐可变化的花样很多，可以根据节日、心情等进行各种主题上的变化，为自己的生活增添一份小乐趣小情怀，做最好的早餐为最好的自己或她 / 他。

## 炼乳山药抹吐司

热量 246 千卡

**原料**

山药 100 克

炼乳 5 毫升

全麦吐司 1 片

杏仁 4 颗

**调料**

黑巧克力酱 适量

**做法**

1. 将山药去皮洗净，切成块状，放入蒸锅内蒸熟，加入炼乳搅拌成泥。
2. 将全麦吐司去边，抹上山药泥，切两半，用黑巧克力酱画成琴键和琴谱。
3. 将杏仁摆入两个吐司中间。

## 黑椒煎蛋

热量 76 千卡

**原料**

鸡蛋 1 个

**调料**

盐、黑胡椒粉各少许

**做法**

1. 将平底锅烧热，放心形煎蛋器。
2. 打入一个鸡蛋进去，小火慢煎，至蛋黄略微凝固即可，放入盐、黑胡椒粉调味即可。

## 圣女果郁金香

热量 29 千卡

圣女果 3 颗，山药泥 10 克，芦笋 3 根

## 酸奶 200 毫升

热量 144 千卡

# Day 17
# 午餐

这同样是一餐适合外带的午餐便当，而且是 2 人份的午餐，夫妻俩一人一份带走，这个场景虽朴实但透着一份幸福和小浪漫。午餐便当的蛋白质类选择猪肉、鸡肉、豆干等，蔬菜选择根茎类、瓜类、菌菇类较适宜。

## 香菇酿肉

热量
233 千卡

### 原料（2 人份）

肉末 100 克
香菇 75 克
枸杞、姜末各适量

### 调料

食用油 3 毫升
盐、生粉各适量

### 做法

1. 将肉末、姜末、盐、生粉、食用油倒入碗中，调味拌匀，制成肉馅。
2. 锅中注水烧开，放入少许盐，倒入洗净的香菇焯水，捞出装碗备用。
3. 取香菇，在菌盖的褶皱处抹上生粉。
4. 放上肉馅捏紧，摆在蒸盘中，撒上洗净的枸杞，酿制好。
5. 蒸锅上火烧开，放入蒸盘，蒸约 8 分钟，出锅即可。

# 素炒冬瓜

热量
69 千卡

**原料（2 人份）**

冬瓜 200 克

枸杞 少许

**调料**

食用油 5 毫升

盐 1 克

## 做法

1. 冬瓜去皮后切成片。
2. 炒锅内倒油，锅热后将切片的冬瓜倒入锅内翻炒 1 分钟。
3. 倒入适量水到锅中，翻炒约 2 分钟至冬瓜熟软。
4. 撒入盐，炒匀即可起锅。
5. 将炒好的菜装盘，点缀上枸杞即可。

# 薏米白菜汤

热量
180 千卡

**原料**（2 人份）

白菜 200 克

薏米 40 克

姜丝、葱花各少许

**调料**

食用油 适量

盐 1 克

**做法**

1. 洗好的白菜切去根部，再对半切开，备用。
2. 砂锅注油烧热，放入姜丝、葱花，炒匀，注入适量清水，倒入薏米，拌匀。
3. 盖上盖，烧开后用小火煮约 30 分钟。
4. 揭开盖，放入白菜，拌匀，用小火煮约 6 分钟至熟。
5. 加入盐，拌匀调味，关火后盛出汤料即可。

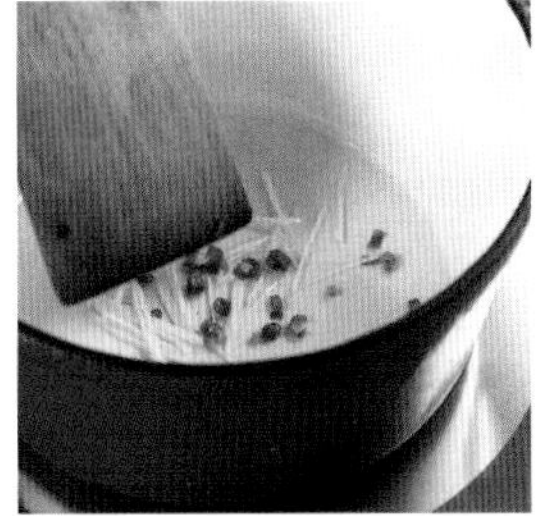

# 鹰嘴豆糙米饭 1 碗

热量
255 千卡

鹰嘴豆 30 克，糙米 60 克

# Day 17
## 晚餐

这份沙拉可谓是懒人必选，涉及种类并不多，制作简单，5 分钟即可完成，且酱料为油醋汁，超级低卡。用料理机做一个牛奶版的南瓜浓汤，或者用豆浆机做一杯五谷米糊，搭配着这道沙拉非常适合。

## 虾仁菠菜沙拉

热量
155 千卡

### 原料

菠菜 150 克
鲜虾仁 100 克
洋葱 50 克

### 调料

盐、醋各适量
橄榄油 5 毫升

### 做法

1. 菠菜去掉根部，用清水洗净后沥干备用；洋葱切条。
2. 锅中注水烧沸，倒入适量醋，放入菠菜焯 1 分钟后捞出。
3. 虾仁放入烧沸的盐水中焯 1 分钟。
4. 焯好的虾仁用清水冲洗，沥干水分，剖成两半。
5. 菠菜、虾仁、洋葱盛入盘中，淋上橄榄油搅拌均匀即可。

# Day 18
# 早餐

你爱吃三明治吗？反正我很爱，夹层的、开放式的均爱，营养丰富、低卡健康而且制作毫无难度的三明治作为早餐再合适不过了，随意搭配一份水果奶昔，还可来几粒坚果，可谓完美！

## 鸡肉三明治

热量
246 千卡

### 原料

吐司 2 片
生菜 2 片
菠萝 2 片
番茄 半个
腌制鸡排 50 克

### 调料

沙拉酱 5 克
橄榄油 2 毫升

### 做法

1. 将生菜洗净；番茄洗净切片。
2. 锅内烧热，加入橄榄油，放入鸡排和菠萝煎熟。
3. 在一片吐司上涂抹少量沙拉酱，依次放入生菜叶、番茄片、煎好的鸡排、菠萝片。
4. 最后挤上沙拉酱，盖上另一片吐司。

## 火龙果牛奶

热量
138 千卡

### 原料

火龙果肉 50 克
纯牛奶 200 毫升

### 做法

1. 火龙果肉切小块，备用。
2. 取榨汁机，选择搅拌刀座组合，倒入火龙果肉，注入适量纯牛奶，盖好盖子，选择“榨汁”功能，榨取果汁。
3. 断电以后倒出果汁，装入杯中即可。

have condemned its
moved by it
critical success of the firs
Greene was supposed to be
the capstone of an obsessive

# Day 18
## 午餐

此款午餐适合夏季的低卡沙拉套餐，其中有高蛋白的虾仁、主食南瓜、高纤维的黄瓜、芦笋。搭配的是芝麻沙拉酱，虽然热量不低，但沙拉食材本身做了些许调味处理，且此沙拉采用蘸食沙拉酱的方式，有利于减少摄入。

### 鲜虾混合果蔬沙拉

热量 322 千卡

**原料**

虾仁 80 克
南瓜 100 克
小黄瓜 100 克
芦笋 60 克
牛油果 1 个
蒜末 少许

**调料**

盐 2 克
黑胡椒 3 克
橄榄油 4 毫升
料酒 2 毫升
焙煎芝麻沙拉酱 10 克

**做法**

1. 南瓜去皮切块；小黄瓜切块；芦笋洗净后切成小段；牛油果去皮去核后切成小块。
2. 烤箱预热至 180℃，把南瓜和芦笋放在铺了锡纸的烤盘上，撒上少许盐和黑胡椒，淋上少许橄榄油，放入烤箱烤 15 分钟。
3. 在虾仁中加入盐、黑胡椒、蒜末、料酒，抓匀；平底锅放入适量油烧热，放入虾仁炒至熟透。
4. 把所有食材装盘，配上焙煎芝麻沙拉酱即可食用。

### 芹菜梨汁

热量 64 千卡

**原料**

梨 100 克
芹菜 40 克
黄瓜 50 克

**做法**

1. 洗净的黄瓜切小块；洗净的芹菜切小段；洗好的梨取果肉切小块。
2. 取榨汁机，倒入所有食材，榨成汁。
3. 将榨好的蔬果汁滤入杯中即可。

# Day 18
## 晚餐

一直觉得，吃面，是一件温暖而又治愈的事，当你一身疲惫时，如若面前摆着一碗热气腾腾的面条，那种治愈人心的暖意会随着扑鼻而来的香气钻进身体的每一个毛孔，就像是平淡的生活擦出了一束光。

## 三丝汤面

热量
325 千卡

### 原料

白萝卜 100 克
土豆 半个
胡萝卜 半个
鲜面条 70 克
姜片、葱段各少许

### 调料

食用油 4 毫升
盐 1 克

### 做法

1. 白萝卜、胡萝卜洗净切丝；土豆洗净去皮，切丝。
2. 炒锅加入适量油，加入葱段、姜片爆香，加入白萝卜丝、胡萝卜丝翻炒。
3. 再加入适量水，大火烧开后转中火煮 5 分钟。
4. 加入土豆丝和面条煮 5 分钟，加入盐调味后即可出锅。

# Day 19
# 早餐

这也是我很爱的一款中式早餐，我称之为一饼包所有的早餐，有空时可以多做两三张荞麦饼放在冰箱，晨起热一下，炒点儿肉或做一个鸡蛋，搭配一些蔬果卷进去则非常好吃，且方便携带，作为外带午餐也是可以的。

## 荞麦蔬菜牛肉卷

热量 290 千卡

### 原料

面粉 30 克
荞麦面粉 20 克
鸡蛋 1 个
牛柳丝 30 克
紫甘蓝 1 片
球生菜 2 片
胡萝卜 10 克
牛奶 适量

### 调料

黑胡椒酱 少许
油醋汁 少许
食用油 适量

### 做法

1. 将面粉与荞麦面粉混合均匀，加入 1/3 蛋液、少许牛奶和面，成面团后，擀成薄饼，进锅内摊熟。
2. 剩余鸡蛋液放入锅内摊成蛋饼，切丝，备用。
3. 将紫甘蓝、球生菜、胡萝卜洗净，切丝，用油醋汁拌匀。
4. 牛柳丝用黑胡椒酱腌制，锅内烧热，倒油炒熟。
5. 将荞麦饼摊开，放入鸡蛋丝、蔬菜丝、牛柳丝后卷起即可。

## 原味豆浆 1 杯

热量 78 千卡

### 原料

黄豆 20 克
纯净水 适量

### 做法

1. 黄豆洗净，提前一晚泡好。
2. 将黄豆和适量纯净水倒入豆浆机中，打成豆浆，倒出装杯即可。

## 猕猴桃 1 个

热量 35 千卡

# Day 19
## 午餐

说实话，这一道午餐虽然低卡，但淀粉类偏多，好处是增加了粗纤维，超级适合外带便当，基本不流失营养，缺乏的蔬菜晚上回家补上即可。黄瓜苹果汁需要鲜榨，在办公室放一台便携式料理机即可解决，这样每天都有蔬果汁喝。

### 清蒸莲藕饼

热量
146 千卡

**原料**

猪肉末 50 克

莲藕 60 克

**调料**

盐、白糖各 3 克

食用油 2 毫升

淀粉 适量

**做法**

1. 莲藕去皮洗净，切成藕盒，即第一刀不要切断，第二刀切断。切完后用清水洗净，放盐、糖腌渍至其变软。
2. 猪肉末中放淀粉、食用油搅拌，做成馅料。
3. 把腌渍好的藕盒用清水清洗，以免太咸。
4. 把馅料小心地酿进藕盒里，摆好盘，放到锅中蒸熟即可。

### 双色薯饭

热量
141 千卡

**原料**

紫薯 20 克

红薯 20 克

大米 20 克

糙米 10 克

**做法**

将紫薯、红薯切成丁放入淘好的大米及糙米上，加水按正常时间煮饭即可。

### 黄瓜苹果汁

热量
61 千卡

黄瓜 150 克，苹果 50 克，柠檬 30 克，薄荷叶适量

# Day 19
## 晚餐

这款沙拉同样是一款超减脂增肌沙拉，简单易学，有肉有草能吃饱，再煮个上汤菌菇加绿叶菜，搭配大半碗杂粮饭，营养丰富的低卡餐半小时内保证完成，谁再说营养餐复杂，我哭给你看好不好！

## 紫甘蓝鲈鱼沙拉

热量
147 千卡

### 原料

鲈鱼 100 克

紫甘蓝 50 克

圆白菜 50 克

### 调料

盐 2 克

橄榄油 2 毫升

白醋 4 毫升

### 做法

1. 将鲈鱼用 1 克盐腌制 5 分钟。
2. 装盘放入蒸锅中蒸熟。
3. 将紫甘蓝、圆白菜洗净沥干，切成丝，备用。
4. 蔬菜放入沸水中焯 1 分钟后捞出。
5. 将鲈鱼与蔬菜放入盘中，加入 1 克盐、橄榄油、白醋拌匀即可。

# Day 20
# 早餐

生活中，很多人会问我，早餐你都是怎么设计的？其实不需要刻意设计，只要掌握住几类食物即可：优质蛋白（鱼、虾、蛋、奶、豆制品）、新鲜蔬果、全谷物或者搭配适当杂粮，再来点坚果就 100 分啦！

## 蔬菜鸡肉沙拉

热量
117 千卡

### 原料

紫甘蓝 80 克
鸡胸肉 50 克
胡萝卜 20 克

### 调料

黄芥末酱 3 克
食用油 2 毫升

### 做法

1. 紫甘蓝、胡萝卜洗净，全部切成丁。
2. 锅内烧油，将鸡胸肉煎熟，然后切成肉丁。
3. 将鸡肉丁、紫甘蓝丁、胡萝卜丁放入碗中，拌匀，加入黄芥末酱调味。

## 蔓越莓燕麦酸奶

热量
260 千卡

### 原料

酸奶 150 毫升
即食燕麦 30 克
蔓越莓干 20 克

### 做法

酸奶中加入即食燕麦和蔓越莓干，搅拌均匀即可。

# Day 20
# 午餐

要问炒饭如何做到低卡，我来告诉你，需要掌握的方式为：一是米饭提前打散后加入少许油拌匀，这样不容易粘锅，也避免了锅内放太多的油，锅内只需用油润一下即可；二是炒饭中加适量的玉米粒、胡萝卜粒、豌豆，不仅颜色好看，也减少了热量。

## 金针菇番茄豆腐汤

热量
67 千卡

### 原料

金针菇 30 克

番茄 80 克

豆腐 50 克

葱 少许

### 调料

盐 2 克

白胡椒 少许

### 做法

1. 将番茄洗净切片；金针菇洗净分散开；豆腐切成小方块；小葱洗净切末。
2. 锅内烧热，加入少量水，倒入番茄慢慢煮软出汁后，再倒入水，煮开。
3. 水煮开后加入金针菇、豆腐，煮约 1 分钟，放盐、白胡椒调味。
4. 出锅后撒入葱花即可。

## 牛肉炒饭

热量
269 千卡

### 原料

米饭 100 克

牛肉 50 克

菠萝 2 片

青椒、红彩椒各半个

大葱 6 片

### 调料

食用油 5 毫升

黑椒汁 5 毫升

盐 1 克

### 做法

1. 牛肉切丁；菠萝切丁，一起放入碗中，加黑椒汁腌制10分钟。
2. 青椒、红彩椒切大丁。
3. 热锅加冷油，倒入葱片，炒出香味，倒入牛肉丁与菠萝丁炒熟。
4. 倒入青椒丁、红彩椒丁，翻炒几下。
5. 将米饭打散，倒入锅中，不断翻炒，加盐调味即可。

# Day 20
## 晚餐

这是一道可以嘚瑟一下提升逼格的菜，而且用烤箱避免了油烟，而且用油脂包住食材，减少了烤箱菜的热气，同时将食材的香气充分融合，锁住了营养。这道菜再搭配一份时蔬杂炒、一份主食即可。兴致来了喝一小杯红酒也不错哦！

## 柠香蔬菜纸包鱼

热量
155 千卡

### 原料

鳕鱼 100 克

胡萝卜 20 克

芹菜 1 根

香菇 2 朵

洋葱 10 克

柠檬 3 片

意式香草 3 克

### 调料

盐 2 克

料酒 2 毫升

食用油 5 毫升

### 做法

1. 胡萝卜切小块；芹菜切段；香菇切片；洋葱切瓣。
2. 鳕鱼加意式香草腌制 10 分钟。
3. 锅内烧热，放油，将切好的芹菜、胡萝卜、香菇、洋葱略炒至断生，加入盐调味后盛出。
4. 两张烘焙纸折叠，边上采用三角折叠的方式折叠好，留一边，将炒至断生的蔬菜垫底，放上柠檬片。
5. 放上腌制好的鱼，此时可加入少许料酒。
6. 食材放好后，将两张烘焙纸折叠好，保证汁水不会流出。
7. 烤箱预热 180℃，将其放进去，烤 10 分钟即可。

# Day 21
# 早餐

开放式三明治在视觉上会更加好看，而且可以用一些法棍、俄罗斯大列巴、粗粮欧包做底，比白切片更加营养和低卡，各种颜色的蔬果、肉类均可摆放，缤纷靓丽，搭配一杯奶昔，高颜值的营养早餐就完成了。

## 牛油果鸡蛋法棍

热量
386 千卡

### 原料

法棍 4 块
牛油果半个
腰果 6 颗
鸡蛋 1 个

### 调料

橄榄油 3 毫升
盐、醋各少许

### 做法

1. 将半个牛油果取出果肉，用勺子刮成泥，抹在2块法棍上，分别在表面装饰3颗腰果。
2. 将鸡蛋打入碗中，加入少许盐和醋，打散。
3. 锅内烧热，加入橄榄油，倒入鸡蛋液，嫩炒均匀即可出锅。
4. 将鸡蛋摆在另外 2 块法棍上，剩余部分摆放在盘中。

## 清煮花菜

热量
13 千卡

### 原料

花菜 50 克

### 调料

盐 2 克

### 做法

1. 将花菜洗好，分成小朵。
2. 锅内烧水，加入盐，水开后将花菜放入，煮熟即可。

## 牛油果奶昔

热量
152 千卡

原味酸奶 100 毫升，牛油果半个

# Day 21
# 午餐

这餐饭是经典的中式家庭菜系，不难发现，中餐其实搭配好，热量并不高，而且符合中国人的口味，并不像整日“啃草”那样寡淡，特别是中国的拌菜，也可称为中式沙拉，是非常清新的，如这道三丝银耳。

## 西蓝花炒牛肉

热量
141 千卡

### 原料

西蓝花 80 克

牛肉 50 克

彩椒 20 克

姜片、蒜末各 3 克

葱段 少许

### 调料

盐 2 克

生抽 2 毫升

食用油 5 毫升

### 做法

1. 西蓝花、彩椒洗净切小块。
2. 牛肉洗净切片，装碗中，加 2 毫升食用油、生抽，腌渍 10 分钟。
3. 锅中注水烧开，放入 1 克盐，倒入西蓝花，煮 1 分钟，捞出，备用。
4. 用油起锅，放入姜片、蒜末、葱段炒匀。
5. 倒入牛肉片，炒匀，再倒入西蓝花、彩椒，翻炒片刻，加入 1 克盐调味。
6. 盛出装盘即可。

# 三丝银耳

热量
79 千卡

**原料**

绿豆芽 50 克

银耳 25 克

青椒 40 克

熟火腿 10 克

**调料**

盐 0.6 克

**做法**

1. 将绿豆芽洗净；青椒洗净，切丝；熟火腿切丝。
2. 锅中注水烧开，放入绿豆芽和青椒丝烫熟，捞出放凉。
3. 再将银耳放入沸水锅内烫熟，捞出，用凉水过凉，沥干水分。
4. 将银耳、绿豆芽、青椒丝放入盘内，加入盐拌匀，再撒上火腿丝即成。

# 紫菜鱼丸汤

热量
93 千卡

**原料**

紫菜 5 克

鱼丸 50 克

**调料**

盐 0.6 克

食用油 3 毫升

**做法**

1. 紫菜放入煎锅中，用几滴油稍微焙香之后，剪成小块备用。
2. 取汤锅，加入清水和鱼丸，大火煮开后，改中火再煮 10 分钟，至鱼丸涨发起来。
3. 加入紫菜块拌匀，重新煮开后，加入 2 毫升食用油、盐进行调味，然后关火即可出锅。

# 糙米燕麦饭 1 碗

热量
260 千卡

燕麦 30 克，水发大米、水发糙米、水发薏米各 85 克

# Day 21
## 晚餐

这是一道经典的地中海主食，用烤箱制作，避免了油烟，这道主食的亮点在于酱汁，用了两种香草、蒜、黑胡椒、盐、橄榄油调制的酱汁，可以让蔬菜和意面充分吸收味道，增强口感。

热量
326 千卡

## 普罗旺斯烤蔬菜意面

### 原料

熟长意面 100 克
洋葱 20 克
圣女果 3 颗
帕尔玛干酪碎 10 克
蒜末 10 克
茄子、西葫芦各 30 克
罗勒碎、干百里香碎各适量

### 调料

橄榄油 5 毫升
盐 2 克
黑胡椒粉 适量

### 做法

1. 洗净的西葫芦、茄子去皮切块；洋葱切块；圣女果对半切开，装入大碗。
2. 取一小碗，放入橄榄油、蒜末、罗勒碎、干百里香碎、盐、黑胡椒粉，拌匀成酱汁。
3. 将酱汁倒入大碗中，使蔬果的表面裹上一层酱汁。
4. 将蔬菜块均匀放在铺了锡纸的烤盘上，放入预热好的烤箱，以上下火均为 200℃烤 10 ~ 15 分钟。
5. 熟长意面装盘，铺上烤好的蔬菜，撒上帕尔玛干酪碎即可。

# 少糖菠萝蛋糕

**原料**

低筋面粉 80 克

鸡蛋 1 个

菠萝粒 120 克

酸奶 120 毫升

**调料**

泡打粉 1 克

**做法**

1. 把泡打粉加入低筋面粉中；鸡蛋打入碗中搅拌，加入酸奶，混合搅拌均匀。
2. 低筋面粉、泡打粉过筛，筛入蛋液酸奶中，搅拌。
3. 在烤箱容器中铺入烘焙纸，以一层面糊、一层菠萝粒的交替顺序连铺四层食材。
4. 放入预热至 200℃的烤箱，烤 25 ~ 30 分钟即可。

# 红葡萄酒水果沙拉

热量
167 千卡

**原料**

甜瓜 1 个
西瓜 60 克
蓝莓 50 克
草莓 15 克
红葡萄酒 50 毫升

**做法**

1. 甜瓜对半切开，取出瓜瓤和瓜肉部分，瓜肉切块。
2. 蓝莓、草莓分别洗净，切 4 瓣；西瓜切块。
3. 将水果块分别倒入甜瓜盅，再倒入红葡萄酒。
4. 冷藏泡制 15 分钟即可品尝。

# PART 4
# 第四周低卡餐

俗话说三分练、七分吃，吃什么在瘦身中是非常重要的一个环节！特别是针对减脂又想保留住肌肉的人群。相信通过前三周的分享，你们已经有了一个概念，低卡饮食掌握的原则是：高优质蛋白质、适量全谷类的碳水化合物、低脂、低热量、充足的维生素、矿物质和水！

但正在尝试低卡饮食的你，还在吃着冷冰冰的瘦身沙拉吗？还在渴望吃顿正常的中式炒菜吗？还在纠结要不要吃主食吗？还在发愁一顿瘦身餐怎么搭配吗？第四周，我们就满足大家的中国胃！其实中餐也可以很低卡很健康。

# 专栏 4：切忌盲目减肥，认清减肥是否必须

女性减肥永远是热搜度最高的健康话题，一年四季、春夏秋冬，很多女性是把减肥天天喊在嘴边，但是减肥要怎么减呢？天天喊着减肥就可以瘦吗？还是天天节食，饿得头晕眼花，变成林妹妹？还是剧烈地运动，每天筋疲力尽？如果减肥不当，对女性的伤害比略微肥胖本身还要严重。

## 想要减肥，你的身体和内心准备好了吗

很多人一年到头无时无刻嚷嚷着要减肥，但也没见着瘦下来，关键是没看见行动。所以关于减肥，首先是心理层面的建设，你需要问自己下面几个问题：

1. 抓一把你的肚子，摸一把你的大腿，称一下你的体重，算一下体重指数 BMI，测一下体脂率，认清自己是否真的需要减肥。女性体重指数 BMI 低于 22 以下、体脂率低于 26% 以下的请不要谈减肥，明明是体型最健康的状态，不要过度追求枯瘦干瘪，那是极度不健康的似林妹妹般瘦弱多病、气虚血虚的体型！体重指数 BMI 高于 24，特别是 28 以上，且体脂率高于 30% 以上则需要减脂，特别是存在肥胖相关的代谢问题，如脂肪肝、高血脂、胰岛素抵抗等问题，更是应该适度降低体脂率，纠正代谢紊乱的状态，改善身体成分比例。

2. 减肥是一段需要改变自己原本生活方式的过程，问一下自己：真的下定决心要付诸行动了吗？自己能有把握控制住自己吗？

如果你的回答都是 YES！那么恭喜你，你要踏上一条辛苦但美丽的旅程了。

## 关于减肥方法，我有一些话

1. 所有号称节点食、吃个果子、服些药、切个胃、抽个脂、剪段肠、针下灸、按个摩就能让你轻轻松松健康减肥还不反弹的说法都是"耍流氓"！

2. 所有妄想找到一种轻轻松松、一劳永逸、永不反弹的神奇减肥方法，想着舒舒服服地躺着、坐着就能有好身材的想法都是"痴心妄想"。

所以醒醒吧，肥胖是一口一口吃出来的，那么减肥就得付出行动一点一点地减回去。那有没有一种方法可以无需节食无需大量痛苦的运动就能实现轻松快乐、营养健康的减肥？有没有一种方法能让你实现减脂瘦身、降血压、降血糖、降血脂？有没有一种方法能够让自己改变不合理的饮食方式和生活方式，让自己更健康？

答案是：有的！那就是在保证营养的前提下低卡饮食，再配合适度的运动。减肥的过程慢一点儿其实就是快速减肥，因为这是最健康、最安全、最不容易反弹的减肥方式。

## 女性减肥时需要多注意补血

女性在低卡减肥的过程中，最容易一不小心造成贫血，甚至是经期紊乱或闭经的状态。主要是因为过度的消耗，又没有补充足够的蛋白质、铁、叶酸等物质，特别是月经失血需要消耗蛋白质、铁等营养素，所以这些营养摄入不足的情况下，自然会造成月经量减少、延迟，甚至暂时闭经的情况。

所以女性在减肥的过程中，一定要注意补充充足的蛋白质，红色肉类及动物的肝脏、血液，一天仍需至少保证 50 克以上，菠菜等补充叶酸较多的绿叶蔬菜也需要多食用。书中有很多款套餐都是针对于女性的补血又低卡的餐食，可以尝试多做！

# Day 22
# 早餐

黑芝麻糊是很多人小时候的记忆，每当饿的时候妈妈会说来一杯黑芝麻糊吧，香浓的味道便随即飘来，喝完嘴周黑黑的，用手一擦，随即调皮地抹在了妈妈的围裙上，便遭到一记瞪眼后，怯生生地溜走。

## 胡萝卜黄瓜炒肉片

热量
137 千卡

### 原料

胡萝卜、黄瓜、
里脊肉各 50 克

### 调料

料酒 3 毫升
生抽 2 毫升
水淀粉、盐各适量
食用油 4 毫升

### 做法

1. 将胡萝卜、黄瓜洗净，切片。
2. 里脊肉洗净后切片，加入水淀粉、料酒、生抽和盐搅拌均匀腌渍 10 分钟左右。
3. 锅中注入少量食用油烧热，放入里脊肉片，炒熟后盛出。
4. 锅里再放少许食用油，倒入胡萝卜片、黄瓜片，调入少许盐，翻炒后，再将炒熟的肉片倒入，拌匀即可。

## 黑芝麻糊

热量
172 千卡

### 原料

黑芝麻粉 30 克
糯米粉 10 克

### 调料

蜂蜜 5 毫升

### 做法

1. 锅中放入适量清水，倒入糯米粉、蜂蜜，搅拌混合成无颗粒状后用大火烧开。
2. 水烧开后加入黑芝麻粉拌匀即可。

## 樱桃 5 个

热量
22 千卡

## 全麦馒头 1 个

热量
160 千卡

# Day 22
## 午餐

枸杞炖蛋、松子玉米、冬瓜香菇鸡汤，听起来是不是就很有中国味道呢？你的中国胃开始召唤你开吃啦。但这里面貌似稍微少了点儿绿叶蔬菜，没关系，有冬瓜、胡萝卜和香菇呢，绿叶菜晚餐补上！记得菜中有玉米了，适当减半碗饭。

## 枸杞炖蛋

热量
89 千卡

### 原料

枸杞 5 克

鸡蛋 1 个

### 调料

盐 0.6 克

### 做法

1. 先将鸡蛋打入碗内搅匀。
2. 加入枸杞，加入少许盐拌匀。
3. 隔水蒸熟即可食用。

# 松子仁玉米

热量
176 千卡

## 原料

玉米粒 60 克

胡萝卜 30 克

松子仁 10 克

## 调料

盐 少许

食用油 3 毫升

## 做法

1. 大葱、胡萝卜切丁。

2. 炒锅烧热油，把松子仁小火炒至发黄。

3. 再加入胡萝卜丁，翻炒均匀。

4. 玉米粒倒进锅里继续翻炒，加盐调味后即可盛出。

# 冬瓜香菇鸡汤

热量
142 千卡

**原料**

水发香菇 3 朵

冬瓜块 60 克

鸡肉块 50 克

瘦肉块 30 克

高汤适量

**调料**

盐少许

**做法**

1. 锅中注入适量清水烧开，倒入鸡肉块、瘦肉块，汆去血水。
2. 捞出肉块，沥干水分，再过一次凉水，备用。
3. 锅中注入高汤烧开，倒入汆过水的食材，放冬瓜块、水发香菇，拌匀。
4. 盖上盖，大火烧开后转中火续煮至食材熟软。
5. 揭盖，加少许盐调味。
6. 关火后盛出煮好的汤料，待稍微放凉即可食用。

# 燕麦饭 1 碗

热量
188 千卡

大米 30 克，燕麦 20 克

# Day 22
## 晚餐

午餐没有的绿叶菜和芽菜类，晚餐补上，再搭配点儿番薯粥等即可。这道菜也是经典的中国凉拌菜，海蜇丝吃起来清脆爽口，其蛋白质及钙、碘的含量也不错，脂肪很低，值得在低卡饮食中推荐。

## 海蜇豆芽拌韭菜

热量 110 千卡

### 原料

水发海蜇丝 100 克
黄豆芽 60 克
韭菜 80 克
彩椒 30 克

### 调料

盐 1 克
芝麻油 2 毫升

### 做法

1. 海蜇丝、黄豆芽洗净。
2. 彩椒洗净，切条；洗好的韭菜切段。
3. 锅中注入适量清水烧开，倒入海蜇丝、黄豆芽、彩椒、韭菜，煮至熟透，捞出，沥干水分。
4. 将煮好的食材装入碗中，加入盐、芝麻油，搅拌均匀，盛出装入盘中即可。

# Day 23
## 早餐

这顿早餐做到了完全不浪费，红豆豆浆的豆渣加一个鸡蛋一点儿面粉即做成了美味的豆渣蛋饼，在蛋饼的基础上增加了一定的膳食纤维，具有饱腹感。另外搭配一份清炒蔬菜，超级满足的低卡中式早餐就做好了！

### 莴笋胡萝卜鸡丁

热量
120 千卡

**原料**

胡萝卜、莴笋、
鸡胸肉各 50 克

**调料**

盐 1 克
料酒、生抽各 2 毫升
食用油 3 毫升
淀粉 适量

**做法**

1. 将莴笋、胡萝卜洗净后切丁，放入沸水锅中焯 1 分钟沥出，待用。
2. 将鸡胸肉洗净切丁，放入料酒、0.5 克盐、淀粉、生抽，抓匀，腌渍片刻。
3. 平底锅注油烧热，放入鸡丁滑炒，再放入莴笋丁、胡萝卜丁，翻炒至熟。
4. 再加入 0.5 克盐，炒匀即可。

### 豆渣蛋饼

热量
226 千卡

**原料**

面粉 50 克
鸡蛋 50 克
葱花 适量
豆渣 适量

**调料**

盐 2 克
食用油 适量

**做法**

1. 红枣黄豆过滤后的豆渣留下，加入面粉、鸡蛋、葱花、盐和适量水一起调匀成面糊。
2. 平底锅放入少许食用油烧热，然后将面糊摊成豆渣蛋饼即可。

### 红枣豆浆

热量
123 千卡

黄豆 25 克，红枣 3 颗

### 芒果 60 克

# Day 23
## 午餐

凉拌嫩豆角是中国餐桌上一道爽口的凉菜，有健脾和胃的作用，此菜注意两点：一是豆角一类的食材一定要煮熟了才能吃，凉拌前需要充分煮熟再过冰水保持脆度；二是在调味时多注意利用蒜香，淋少许芝麻油即可。

### 凉拌嫩豆角

热量 51 千卡

**原料**

豆角 100 克

蒜末 5 克

**调料**

白醋 5 毫升

盐 2 克

食用油 2 毫升

**做法**

1. 将豆角洗净，去掉筋，切成段。
2. 锅内注水烧开，倒入油和盐，放入豆角焯熟；捞出豆角，沥干水分，装盘。
3. 再加入白醋、蒜末，拌匀即可。

### 香蕉柳橙汁

热量 75 千卡

**原料**

香蕉 50 克

柳橙 60 克

**调料**

纯净水 适量

蜂蜜 适量

**做法**

1. 香蕉剥皮，切块；柳橙剥皮，切小块。
2. 将香蕉块、柳橙块、纯净水装进榨汁机中，倒入蜂蜜，榨取果汁。

### 蒸三文鱼

热量 146 千卡

**原料**

三文鱼 100 克

香菇 20 克

洋葱 20 克

姜 5 克

**调料**

生抽 3 毫升

**做法**

1. 三文鱼切大块；洋葱切丝；香菇切片；姜切丝，分别铺在大盘中，上锅蒸 6 分钟。
2. 把蒸三文鱼多出来的汤汁倒出来，加适量生抽，拌匀后淋在三文鱼上即可。

### 绿豆薏米饭 1 碗

热量 210 千卡

水发绿豆 30 克，水发薏米 20 克，水发糙米 50 克

# Day 23
## 晚餐

牛肉与洋葱在口感及营养上非常搭，是一对好搭档，洋葱中所含的大蒜素具有杀菌效果，与牛肉相似的肉类搭配不仅提鲜，同时具有杀菌效果。晚餐再搭配一份粗细搭配的主食、一份蔬菜汤即可。

## 泰式牛肉沙拉

热量
172 千卡

### 原料

牛里脊 100 克
绿豆芽 100 克
黄瓜 50 克
洋葱 25 克
红辣椒 1 个

### 调料

柠檬汁 5 毫升
鱼露、盐各适量
胡椒碎 3 克
食用油 适量

### 做法

1. 绿豆芽洗净后沥干，沸水锅中焯煮 1 分钟，捞出备用。
2. 黄瓜洗净后切片，洋葱剥去外皮后切成丝，红辣椒切圈。
3. 牛里脊清水洗净，切片后装入碗中，加入少许盐腌渍约 5 分钟。
4. 锅中放少量油烧热，将腌好的牛里脊片煎至成熟。
5. 将蔬菜和牛里脊放入碗中，加入柠檬汁、鱼露、盐和胡椒碎，拌匀即可。

# Day 24
## 早餐

虾仁滑蛋搭配松子和菠菜是促进肌肉骨骼生长的绝配，虾仁和鸡蛋中有非常利于吸收的蛋白质，其中的钙、镁含量也不错。松子和菠菜中钙、镁、钾的含量也高，而且充足的维生素 C 有利于虾仁滑蛋中蛋白质更好地吸收。

### 虾仁滑蛋

热量
108 千卡

**原料**

虾仁 30 克
鸡蛋 1 个
葱花 5 克

**调料**

盐、胡椒粉各 1 克
食用油 3 毫升

**做法**

1. 虾仁洗净后去掉虾线，加入盐、胡椒粉抓匀后腌渍 10 分钟。
2. 取一干净的碗，打入鸡蛋，调入盐和葱花，将鸡蛋液打散，再放入虾仁混合。
3. 平底锅烧热后放入少许食用油，倒入鸡蛋虾仁滑散，用筷子拨动至熟即可。

### 松子拌菠菜

热量
120 千卡

**原料**

菠菜 200 克
松子 10 克

**调料**

盐 1 克
生抽 2 毫升

**做法**

1. 将菠菜洗净后，放入沸水锅中水焯 2 分钟，捞出沥干，然后切碎，放入碗中。
2. 撒入少许盐、生抽、松子，搅拌均匀即可。

### 紫薯米糊

热量
70 千卡

紫薯 50 克，大米 10 克

### 玉米小窝头 3 个

热量
171 千卡

# Day 24
# 午餐

缤纷藜麦饭是一个综合的营养粮仓，有富集营养于一身的藜麦，有牛肉、虾、豆腐三种蛋白质，有各种缤纷的蔬菜，真的是满满的营养精华。同时奶昔中的蓝莓、甜菜根中的花青素、甜菜红素有助于女性美容养颜。

## 缤纷藜麦饭

热量
434 千卡

### 原料

牛肉 50 克
虾 50 克
豆腐 80 克
藜麦 50 克
甜菜根 25 克
胡萝卜 20 克
豌豆苗 15 克

### 调料

苹果醋 8 毫升
蜂蜜 5 毫升
橄榄油 4 毫升
盐 2 克
黑胡椒适量

### 做法

1. 藜麦用水浸泡 1 小时，然后在沸水中煮 15 分钟，捞起备用。
2. 将甜菜根和胡萝卜去皮，切片。
3. 将豌豆苗洗净后放在盘底，再放入甜菜根和胡萝卜。
4. 牛肉切成肉粒；虾去掉头；豆腐切小块，依次放入锅中炒熟。
5. 将所有调料倒入一个碗中，充分搅拌均匀；将酱汁浇在准备好的食材中，加入藜麦，拌匀后食用。

## 紫美人奶昔

热量
118 千卡

### 原料

蓝莓 10 克
甜菜根 5 克
酸奶 150 毫升

### 做法

1. 蓝莓、甜菜根洗净。
2. 将蓝莓、甜菜根和酸奶倒入料理机中，搅拌均匀。
3. 倒出装杯即可。

# Day 24
## 晚餐

中国居民膳食指南中强调主食中增加杂豆类，相比大米，杂豆的蛋白质含量是大米的 3 倍，维生素 B 族是 4 倍以上，膳食纤维和钾是 6 ~ 10 倍。 而且杂豆非常“顶饱”，消化速度缓慢，适合减肥者和糖尿病人。

### 绿豆薏米饭

热量
210 千卡

#### 原料

水发绿豆 30 克

水发薏米 20 克

水发糙米 50 克

#### 做法

1. 将准备好的食材装入碗中，混合均匀，倒入适量清水，备用。
2. 将装有食材的碗放入烧开的蒸锅中，盖上锅盖。
3. 用中火蒸 40 分钟，至食材完全熟透。
4. 把蒸好的绿豆薏米饭取出即可。

# Day 25
# 早餐

谁说汉堡就一定是肯德基、麦当劳等西式快餐，汉堡鼻祖应该是中国的肉夹馍嘛，还有中式馒头也可以做成汉堡，而且相比西式的汉堡坯，馒头含油量大大降低，而且味道不错哟。

## 馒头汉堡

热量
198 千卡

**原料**

全麦馒头 100 克

里脊肉 80 克

生菜 2 片

**调料**

盐、胡椒粉各 1 克

食用油 2 毫升

**做法**

1. 将全麦馒头切片后加热；将生菜洗净，并擦干其水分，待用。
2. 将里脊肉洗净后切厚片，放入盐和胡椒粉腌渍片刻。
3. 平底锅里放入少许食用油，放入里脊肉片煎熟取出。
4. 取两片馒头片，夹上里脊肉、生菜即可。

## 椒盐杏鲍菇

热量
36 千卡

**原料**

杏鲍菇 50 克

**调料**

食用油 2 毫升

椒盐粉 2 克

**做法**

1. 将杏鲍菇洗净后切成 0.5 厘米厚的片，待用。
2. 平底锅放入少许食用油，放入杏鲍菇片煎至两面微黄。
3. 出汁后盛出装盘，撒上椒盐粉即可。

## 黑米山药糊

黑米 20 克，山药 50 克，红枣 10 克，蜂蜜 5 毫升

## 桑葚 20 克

热量
10 千卡

# Day 25 午餐

海带的清鲜味与牛肉的浓郁香结合在一起，味道相互影响，构成了一道美味方便的菜，而且牛肉变成肉馅更好消化，搭配菌菇菜杂炒、粗粮主食，和一碗利水的老鸭汤，是一道非常经典的中式低卡餐，也很适合作为便当哟。

## 海带肉卷

热量 111 千卡

### 原料

水发海带 100 克

肉末 60 克

胡萝卜条 30 克

### 调料

盐 1.5 克

生粉 适量

白醋 5 毫升

### 做法

1. 肉末装入碗中，放盐拌匀，制成肉馅。
2. 锅中注水烧开，放入胡萝卜条、海带，加白醋，焯煮片刻后捞出。
3. 将海带切成方块，待用。
4. 砧板上撒生粉，抹匀后放海带，铺平整，拍上生粉，倒肉馅压平。
5. 放胡萝卜条，制作成海带卷；封口，制成生坯，放入蒸盘中。
6. 蒸锅上火烧开，放入蒸盘蒸熟后取出，放凉，切成小段，摆好盘即成。

# 清炒三丁

热量
65 千卡

## 原料

鲜香菇 3 朵

竹笋 40 克

胡萝卜 30 克

## 调料

盐 1 克

食用油 4 毫升

## 做法

1. 竹笋洗净，切成丁；胡萝卜去皮，洗净，切成丁。
2. 鲜香菇洗净，切成小丁。
3. 锅中注水烧开，放入竹笋丁，煮 1 分钟，放入香菇丁、胡萝卜丁，拌匀，煮 1 分钟，捞出待用。
4. 用油起锅，倒入焯过水的食材，加入盐，炒匀调味即可。

# 白菜老鸭汤

热量
143 千卡

**原料**

白菜段 80 克

鸭肉块 50 克

姜片 5 片

枸杞 2 克

高汤 适量

**调料**

盐 1 克

料酒 5 毫升

**做法**

1. 锅中注水，倒入料酒，放入洗净的鸭肉块，煮开，汆去血水。
2. 从锅中捞出鸭肉后过冷水，盛入盘中备用。
3. 另起锅，注入适量高汤烧开，放鸭肉、姜片，用大火煮开后调至中火，炖 1.5 小时至鸭肉煮透。
4. 倒入备好的白菜段、枸杞，搅拌均匀，用小火煮约 30 分钟。
5. 加入适量盐，搅拌均匀。
6. 将煮好的汤料盛出即可。

# 糙米燕麦饭 1 碗

燕麦 30 克，水发大米，水发糙米，水发薏米各 85 克

# Day 25
## 晚餐

针对面条在低卡中的应用需要注意的一点是适当减少用量，增加多两倍的蔬菜量，特别是在外点餐时，经常一碗满满的面搭配两根菜叶子，就成了很多人的一餐饭。这样的饮食结构是非常不合理的。此款面条仍需搭配一份青菜一同食用。

## 南瓜鸡蛋面

热量
181 千卡

### 原料

面条 100 克
鸡蛋 1 个
小白菜 25 克
南瓜 70 克

### 调料

盐 少许

### 做法

1. 洗净去皮的南瓜切薄片；锅中注水烧开，放入南瓜片，用大火煮至断生。
2. 放入面条，煮至沸腾；加盐，放入小白菜，拌匀，煮至变软。
3. 捞出煮好的食材，放入汤碗中，待用。
4. 将锅中留下的面汤煮沸，打入鸡蛋，用中小火煮至成形。
5. 关火后盛出煮好的荷包蛋，摆放在碗中即可。

# Day 26
# 早餐

在外就餐的人士，午餐和晚餐一般很难吃到粗粮，那么在早餐补充粗粮是很好的方法，前一晚将想吃的粗粮用电饭煲预约蒸好，早晨起来搭配牛奶或豆浆、鸡蛋，就是一顿很好的早餐。

## 紫薯奶酪球

热量
362 千卡

### 原料

紫薯 1 个
奶油奶酪 20 克
杏仁碎 20 克
酸奶 1 杯
圣女果 1 颗

### 调料

炼乳 5 克
糖 3 克

### 做法

1. 将紫薯洗净蒸熟，去皮，捣烂成泥，加入炼乳拌匀。
2. 奶油奶酪中加入 3 克糖、杏仁碎，拌匀。
3. 取出 1 小块紫薯泥，压扁，加入奶酪杏仁碎包好并滚成球，放入盘中。
4. 摆好后淋上少许酸奶；将圣女果洗净、切小粒，装饰到紫薯奶酪球上。

## 芦笋蛋卷

热量
116 千卡

### 原料

芦笋 6 根
鸡蛋 1 个

### 调料

盐 少许
食用油 3 毫升

### 做法

1. 将芦笋洗净，放入沸水锅中，焯熟后盛出。
2. 将鸡蛋打散，加入少许盐，搅拌均匀。
3. 锅内烧热，倒入油，将鸡蛋摊成蛋饼。
4. 将芦笋包入鸡蛋卷中即可。

## 拌三色

圣女果 3 颗，黄瓜 30 克，玉米粒 30 克，油醋汁 3 毫升

# Day 26
## 午餐

迷迭香是地中海饮食中十分常用的香料，搭配烹饪鸡肉最适合，同时这道菜以蒸为主，迷迭香能更好地散发味道，并去除了鸡肉的腥味。这道菜中加了板栗肉，故主食应适量减掉半碗为宜。

### 迷迭香鸡肉卷

热量 276 千卡

**原料**

鸡胸肉 60 克
板栗肉 80 克
洋葱 50 克
葱花、蒜末各适量
迷迭香 10 克
芝士 15 克

**调料**

盐 2 克
食用油 适量
干白葡萄酒 5 毫升

**做法**

1. 洋葱洗净，切去头尾，再切丝；芝士切碎。
2. 锅中注入适量清水，大火烧开，将板栗肉放入锅中煮熟，捞出装碗。
3. 鸡胸肉装入碗中，加葱花、蒜末、洋葱丝、部分迷迭香、盐、干白葡萄酒，拌匀，腌渍 3 小时；余下的迷迭香在锅中炒香。
4. 鸡胸肉切薄片，撒上芝士碎，放上炒香的迷迭香，用手卷成卷，再用白线缠紧。
5. 将卷好的鸡肉卷抹上食用油，再放入烤盘，推入烤箱；待鸡肉卷烤熟后取出，装盘，放上板栗肉即可。

### 罗宋汤

热量 163 千卡

**原料**

甜菜、番茄各 50 克
鱿鱼、胡萝卜各 50 克
虾仁 2 个
莳萝叶 少许

**调料**

盐 1 克
黄油 5 克

**做法**

1. 甜菜去皮洗净，切块；番茄、胡萝卜洗净切丁。
2. 鱿鱼、虾仁洗净，切块后焯水捞起。
3. 炒锅中放入黄油融化，放入胡萝卜丁、番茄丁、甜菜块拌炒，加入煮好的鱿鱼、虾仁，加盐拌煮至熟，盛入碗中，放上莳萝叶即可。

# Day 26
## 晚餐

中国人创造制作的豆腐迷倒了一批外国人，并让豆子焕发了更多的魅力，提高了营养的利用率。这款小清新的豆腐沙拉，白色的豆腐与浅绿色的卷心菜和黄瓜，给人超级清爽健康的感觉，搭配一碗主食、一碗瘦肉菜汤即可。

### 嫩豆腐沙拉

热量
146 千卡

**原料**

嫩豆腐 100 克
卷心菜 40 克
黄瓜 50 克

**调料**

盐、醋各适量
橄榄油 5 毫升

**做法**

1. 卷心菜用清水洗净后切成丝。
2. 黄瓜洗净，削皮，切成 6 厘米长的条。
3. 嫩豆腐用水冲洗后放入盘中，放上卷心菜与黄瓜。
4. 加入盐、醋、橄榄油，拌匀即可。

# Day 27
# 早餐

扫一扫，看视频

吃腻了高糖高油的甜蛋糕，总想创造一个咸味的蛋糕，但不想做成单纯的咸蛋饼味道，后来慢慢尝试，用了芝士粉和一点点辣椒面去丰富咸蛋糕的味道，在其中加入蔬菜和土豆，增加纤维量。

## 芦笋鸡蛋咸蛋糕

热量 298 千卡

### 原料

面粉 30 克

小土豆 1 个

芦笋 20 克

鸡蛋 1 个

牛奶 1 杯

### 调料

芝士粉 5 克

泡打粉 2 克

辣椒粉 少许

盐 1 克

### 做法

1. 将土豆洗净，放入沸水锅中煮熟，捞出后剥皮，捣烂成泥。
2. 将芦笋洗净，切小粒，锅内烧水焯烫 1 分钟，捞起备用。
3. 将土豆泥、面粉、芝士粉、盐、辣椒粉、泡打粉混合均匀。
4. 加入鸡蛋液、适量牛奶混合成稠面糊。
5. 倒入马芬模具中，再放上芦笋粒。
6. 烤箱 170℃预热，烤制 15 分钟即可。

## 活力蔬果汁

热量 188 千卡

### 原料

剥皮香蕉 半根

紫甘蓝 40 克

腰果 4 颗

牛奶 150 毫升

### 做法

1. 紫甘蓝洗净，用手掰成块，放入料理机中。
2. 再往料理机中放入香蕉、腰果，倒入牛奶，榨取蔬果汁，装杯即可。

# Day 27
## 午餐

进餐顺序也是低卡饮食的一个关键，饭前喝汤容易产生饱腹感；主食类夹杂蔬菜、肉保持均衡比例摄入有利于延缓饥饿；放慢进食速度，细嚼慢咽，因为在进食时，饱腹感会延迟传达到人类大脑中，如果吃太快就会摄入过量食物。

## 彩椒炒鸭肉

热量
184 千卡

### 原料

鸭肉 60 克
红彩椒 50 克
姜片 5 片
葱段 3 克

### 调料

盐 1 克
料酒 2 毫升
食用油 3 毫升
水淀粉 适量

### 做法

1. 将洗净的红彩椒切小块。
2. 将处理干净的鸭肉去皮，切丁装入碗中，加入水淀粉、料酒拌匀，腌渍 15 分钟。
3. 用油起锅，放姜片、葱段爆香；放入鸭肉，快速翻炒至变色。
4. 放入彩椒，加盐，翻炒均匀至食材入味。
5. 盛出炒好的菜肴，装盘即可。

# 黄花菜拌海带丝

热量
103 千卡

## 原料

水发黄花菜 70 克

水发海带 50 克

彩椒 50 克

蒜末、葱花各 2 克

## 调料

盐 1.5 克

生抽 2 毫升

陈醋 5 毫升

芝麻油 2 毫升

## 做法

1. 彩椒洗净，切成粗丝。

2. 水发海带洗净，切成细丝。

3. 锅中注水烧开，放入海带丝略煮片刻，倒入水发黄花菜、盐、彩椒丝，用大火续煮片刻至食材熟透后捞出，沥干水分。

4. 把食材装入碗中，放入蒜末、葱花、盐、生抽、芝麻油、陈醋，搅拌至食材入味即成。

## 苦瓜鱼片汤

热量
105 千卡

### 原料

苦瓜 60 克

鲈鱼肉 50 克

胡萝卜 40 克

姜片、葱花各少许

### 调料

盐 2 克

食用油 3 毫升

### 做法

1. 胡萝卜去皮洗净，切片；苦瓜洗净，去籽，切片。

2. 鱼肉洗净，切片，装入碗中，放入 1 克盐，腌渍 10 分钟。

3. 用油起锅，放姜片爆香，放苦瓜片、胡萝卜片，加入适量清水，用大火烧开，煮 3 分钟至熟。

4. 放入 1 克盐，再放入鱼片，煮 1 分钟至鱼片熟透。

5. 盛出煮好的鱼汤，装入碗中，放入葱花即可。

## 绿豆薏米饭 1 碗

热量
210 千卡

水发绿豆 30 克，水发薏米 20 克，水发糙米 50 克

# Day 27
## 晚餐

牛蒡是个非常好的食物，其含有的牛蒡甙具有抗菌消炎的作用，糙米中的多酚类物质具有强身健体之效。两者用来做牛蒡饭则将其营养更好地发挥出来。

## 糙米牛蒡饭

热量
183 千卡

### 原料

水发糙米 60 克

牛蒡 50 克

### 调料

白醋 少许

### 做法

1. 洗好去皮的牛蒡切成条，再切成丁。
2. 锅中注入适量清水烧开，放入牛蒡丁，淋入少许白醋，搅匀，煮至断生，捞出，装盘待用。
3. 锅中加入适量清水，用大火烧热，倒入泡发好的水发糙米，放入牛蒡丁，拌匀。
4. 盖上锅盖，大火煮开后转中火煮 40 分钟至熟，盛出即可。

# Day 28
# 早餐

低卡优食记的最后一个早餐，我想说吃不吃早餐，吃怎样的早餐，都体现着一个人的生活态度。你对待生活是什么态度，生活就会怎样对待你，就像早晨嗍一碗粉也要嗍得有滋有味，营养全面，而非路边摊来解决！

## 牛肉酸汤米粉

热量
230 千卡

### 原料

米粉 50 克
牛肉 50 克
小番茄 1 个
上海青 3 根
蒜 2 瓣

### 调料

生抽 2 毫升
料酒 2 毫升
胡椒粉少许
盐 2 克
食用油 3 毫升

### 做法

1. 将牛肉洗净，切薄片，加入生抽、料酒、胡椒粉腌制。
2. 大蒜洗净后切成蒜末；番茄洗净，切片；上海青洗净，掰开叶子。
3. 锅内注油烧热，放入蒜末爆香，加入牛肉翻炒。
4. 再加入番茄翻炒出汁，加入 1 碗水煮开。
5. 加入米粉与上海青，再次煮开，加盐调味即可。

## 火龙果酸奶

热量
221 千卡

### 原料

火龙果 80 克
杏仁 5 颗
酸奶 200 毫升

### 做法

1. 火龙果取出果肉，切成块；杏仁切碎。
2. 将火龙果、酸奶放入榨汁机中，榨成汁。
3. 倒入杯中，撒上杏仁碎即可。

# Day 28
# 午餐

早餐体现着一个人生活的态度，那么午餐则体现着一个人工作的状态，很多上班族每天焦头烂额，午餐全靠外卖小哥养着。其实是时间规划出现了问题，相信我，你能合理地规划制作自己的午餐，你就能更从容地对待工作。

## 椰奶蒸鸡蛋

热量
160 千卡

### 原料

鸡蛋 1 个

牛奶 100 毫升

椰子粉 10 克

### 做法

1. 椰子粉和牛奶混合搅匀。
2. 鸡蛋打散，把椰奶倒入蛋液中搅匀。
3. 将蛋奶液过滤后装入碗中。
4. 包上保鲜膜，放入蒸锅中，大火蒸 10 分钟即可。

# 莴笋炒什锦

热量
132 千卡

## 原料

莴笋 80 克

马蹄 2 个

香干 25 克

胡萝卜 30 克

水发木耳 30 克

蒜末、葱段各少许

## 调料

盐 1 克

蚝油 2 克

食用油 5 毫升

生抽 适量

## 做法

1. 马蹄洗净，去皮后切片；香干洗净后切条。
2. 木耳洗净切块；胡萝卜、莴笋洗净后去皮切片。
3. 将马蹄片、木耳块、胡萝卜片、莴笋片、香干片一起焯水，待用。
4. 用油起锅，放入蒜末、葱段爆香。
5. 倒入已焯水的食材，淋入生抽，加盐、蚝油翻熟，装盘即可食用。

# 丝瓜蛤蜊豆腐汤

热量
90 千卡

## 原料

蛤蜊 80 克

豆腐 50 克

丝瓜 60 克

姜片、葱花各少许

## 调料

盐、食用油各适量

## 做法

1. 丝瓜、豆腐洗净切块。
2. 蛤蜊切开，去除内脏，清洗干净。
3. 锅中注水烧开，加食用油、盐、姜片。
4. 再放入豆腐块、蛤蜊、丝瓜块，搅匀，煮至汤汁入味。
5. 关火后盛出煮好的蛤蜊豆腐汤，装入汤碗中，撒上葱花即成。

# 红米饭 1 碗

热量
192 千卡

红米 30 克，大米 20 克

# Day 28
## 晚餐

低卡生活中，早餐要吃好，热量稍高也没问题，午餐营养丰盛全面一些，晚餐可适当地吃六七分饱，比如这道清淡的虾仁蔬菜，再搭配上一份杂粮稠粥和一碗清淡的鸡汤，足以慰藉一天的疲惫。

热量
79 千卡

## 青柠佐鲜虾凉拌蔬菜

### 原料

虾仁 50 克

大白菜 40 克

胡萝卜 20 克

绿豆芽 30 克

香菜 1 根

大葱 1 根

青柠 1 块

### 调料

五香粉 2 克

青柠汁 5 毫升

生抽 2 毫升

橄榄油 4 毫升

### 做法

1. 大白菜洗净切丝；胡萝卜洗净切粗粒。
2. 绿豆芽、香菜、大葱洗净；香菜切末，大葱切丝。
3. 鲜虾仁洗净，放入五香粉，拌匀。
4. 煎锅中倒入 2 毫升橄榄油，放入虾仁翻炒至虾肉变红。
5. 将大白菜丝、胡萝卜粒、绿豆芽、香菜末、大葱丝放入碗中，倒入青柠汁、生抽和 2 毫升橄榄油，搅拌均匀。
6. 将拌好的菜放入餐盘中，再放上虾仁和青柠即可。

# 烤红薯

热量
239 千卡

## 原料

红薯 2 个

## 做法

1. 红薯不用清洗，去掉上面的泥土即可，烤盘垫上锡纸，放上红薯。
2. 放入烤箱中层。
3. 烤箱上下火 250℃，根据红薯大小调整烘烤时间 30 分钟 ~ 2 小时。
4. 烤至红薯表面流油即可。

# 果丹皮

热量
174 千卡

## 原料

新鲜山楂 100 克

## 调料

白砂糖 20 克

## 做法

1. 山楂洗净去核，切成小块。
2. 将山楂块、白砂糖倒进锅里，熬至山楂变软后关火；再用料理棒搅打成果酱。
3. 倒入锅内加热，用刮刀搅拌至果酱浓稠。
4. 烤箱预热至 150℃，果酱摊在铺好锡纸的烤盘内抹平；烤箱上下火 150℃，烤 60 分钟至表面干爽、不黏手，放凉后将整张果丹皮揭下。
5. 用刀切掉四周不平整的地方，再切成片，卷成卷即可。

Coffee